史上最重要的心理学家和心理学思想

他们如何启示与指导你的生活

[美] 安德莉亚·博尼尔 著
黄蔚 译

P S Y C H O L O G Y

中国青年出版社
CHINA YOUTH PRESS
中青文传媒

图书在版编目(CIP)数据

史上最重要的心理学家和心理学思想：他们如何启示与指导你的生活 / （美）安德莉亚·博尼尔著；黄蔚译. —北京：中国青年出版社，2019.1

书名原文: Psychology: Essential Thinkers, Classic Theories, and How They Inform Your World

ISBN 978-7-5153-5351-7

Ⅰ. ①史… Ⅱ. ①安… ②黄… Ⅲ. ①心理学家—生平事迹—世界—通俗读物 ②心理学史—世界—通俗读物 Ⅳ. ①K815.1-49 ②B84-091

中国版本图书馆CIP数据核字（2018）第239478号

Psychology: Essential Thinkers, Classic Theories, and How They Inform Your World
by Andrea Bonior Ph.D.
Illustrations by Alex Westgate

First published in English by Zephyros Press, a Callisto Media Inc. imprint.

史上最重要的心理学家和心理学思想：
他们如何启示与指导你的生活

作　　者：〔美〕安德莉亚·博尼尔
译　　者：黄　蔚
责任编辑：肖　佳
文字编辑：张祎琳
美术编辑：更　生
出　　版：中国青年出版社
发　　行：北京中青文文化传媒有限公司
电　　话：010-65511270/65516873
公司网址：www.cyb.com.cn
购书网址：zqwts.tmall.com　www.diyijie.com
印　　刷：三河市文通印刷包装有限公司
版　　次：2019年1月第1版
印　　次：2019年1月第1次印刷
开　　本：787 × 1092　1/16
字　　数：187千字
印　　张：17
京权图字：01-2018-4612
书　　号：ISBN 978-7-5153-5351-7
定　　价：48.00元

献给安迪、
范斯、艾莉娜，
以及露比，
你们点亮了我的大脑。

To Andy
and Vance, Alina, and Ruby
who light up my brain

Psychology

Contents

目 录

第二部分：心理学的重要定义

Psychology

Introduction

前 言

让-保罗·萨特（Jean-Paul Sartre）在他的剧作《禁闭》（*No Exit*）中写道："他人即地狱。"难得度一次假，游轮上却摩肩接踵、拥挤异常，不免让人觉得，萨特所言非虚。不过，他人其实也能营造出天堂。他人出现在我们生活的起起伏伏之中，不论是目睹令我们最为欢呼雀跃的喜悦，抑或见证我们最为困惑悲惨的痛苦，他们都为这个世界增加了深度。他人的存在不可或缺，但在我们眼中，他们却时常显得那样难以理解。

是什么导致不同人的想法千差万别？是什么让我们产生了最深刻、最不可预测的情绪？大脑与心智、心智与身体之间存在什么差异？究竟什么是记忆？什么是爱？我们的感觉如何解码日常生活中数以千计的图像、声音、气味和味道，然后从中提取出意义呢？意识究竟意味着什么？我们为什么经常会去做出那些与自身利益不符的行为呢？DNA与我们所身处的环境，究竟哪个更为重要？

心理学之目的，就是要回答包括上述问题在内的不计其数的问题。事实上，其中某些问题，其实质是我们将如何度过自己的一生，如何去寻找人生的意义，我们将什么视为一生中最重要的时刻与关系。我们何以成为今日之我们，我们又为何做出某种行为——这些问题是人之所以为人的基础，而心理学为我们提供了解答这些问题的工具。

笔者的书架上摆满了心理学著作，数以百计的理论家、研究者以及作者都应在心理学的名人堂中占有一席之地，限于篇幅，无法一一列入本书，这让我感到十分惋惜。但是读者在本书中所能看到的内容，绝对都堪称心理学经典，这些久负盛名的思想家，能够最为充分地代表心理学领域，他们毕生奋斗所凝聚起来的智慧结晶，揭示出了人类心理的运作原理。

不论你是在读书期间选修过基础心理学课程，抑或心理学专业出身，你所阅读的这本书，将让你再次发现心理学是如何与你的生活紧密相连，让你重新回想起那些曾让你深夜卧谈生命意义（以及你的室友是不是个自恋癖）的心理学家。即便你对心理学一窍不通，你或许也非常想知道自己和他人行为背后的原因何在。不论你来自哪个行业，如果你希望更加理解自己、理解周围的人，如果你想探究心理学最重要的思想、最伟大的突破，以及它们如何启示与指导你的生活。那么，本书正是你的不二之选。

Psychology
Timeline

心理学大事年表

约公元前 400 年

希波克拉底（Hippocrates）以及其他古希腊先哲提出了四种体液理论。

1247 年

伯利恒圣玛利亚修道院在伦敦落成，这是最早的公立精神病院之一。

约 1440 年

约翰内斯·古登堡（Johannes Gutenberg）发明了活字印刷术。

1647 年

勒内·笛卡尔（René Descartes）撰写了《人体之描述》（*The Description of the Human Body*）。

约 1808 年

弗朗茨·约瑟夫·加尔（Franz Josef Gall）开拓性地提出颅相学，试图借由颅骨的形状及尺寸，一窥个体的心理特征。

1859 年

查尔斯·达尔文（Charles Darwin）出版了《物种起源》（*On the Origin of Species*）。

1861 年

保尔·布罗卡（Paul Broca）指出额叶的某一区域与言语生成有关。

1879年

威廉·冯特（Wilhelm Wundt）创建了第一个正式的心理学实验室。

1886年

西格蒙德·弗洛伊德（Sigmund Freud）在维也纳开启自己的医疗事业。

1890年

威廉·詹姆斯（William James）出版了《心理学原理》（*Principles of Psychology*）。

1898年

爱德华·桑代克（Edward Thorndike）提出了效果律。

1905年

阿尔弗雷德·比奈（Alfred Binet）创立了他的第一套智力测验。

1906年

伊万·巴甫洛夫（Ivan Pavlov）发表了关于经典条件反射的先期研究。

1911年

阿尔弗雷德·阿德勒（Alfred Adler）与弗洛伊德在学术上分道扬镳，形成了自己的精神疗法学派。

1913年

约翰·B. 华生（John B. Waston）在哥伦比亚大学做了题为《行为主义者眼中之心理学》（Psychology as the Behaviorist Views It）的演讲，随后在《心理学评论》（*Psychology Review*）上发表了同名文章。

1937 年

卡伦·霍妮（Karen Horney）出版了《我们时代的神经症人格》（*The Neurotic Personality of Our Time*）。

1950 年

爱利克·埃里克森（Erik Erikson）出版了《童年与社会》（*Childhood and Society*）。

1952 年

《精神障碍诊断与统计手册》（*Diagnostic and Statistical Manual of Mental Disorders*，简称DSM）第一版正式出版。

1956 年

利昂·费斯汀格（Leon Festinger）创立了认知失调理论。

1961 年

卡尔·罗杰斯（Carl Rogers）出版了《论人的成长》（*On Becoming a Person*）。

1963 年

斯坦利·米尔格拉姆（Stanley Milgram）发表了关于“服从权威人物”的实验研究。

1971 年

埃略特·阿伦森（Elliot Aronson）开创性地提出拼图教学法。

1971 年

菲利普·津巴多（Philip Zimbardo）进行了斯坦福监狱实验。

1976 年

乌尔力克·奈瑟尔（Ulric Neisser）出版了《认知与现实》（*Cognition and Reality*）。

1990 年

伊丽莎白·洛夫特斯（Elizabeth Loftus）开始研究错误记忆的发展原理。

1997 年

阿尔伯特・班杜拉（Albert Bandura）出版了《自我效能：控制的实施》(*Self-Efficacy : The Exercise of Control*)，囊括了其数十年研究之精华。

2006 年

卡罗尔・德韦克（Carol Dweck）出版了《终身成长：重新定义成功的思维模式》(*Mindset : The New Psychology of Success*)。

PART

1

7 个心理学流派
最重要的思想家

生理心理学

一方，是人类的物质身体；另一方，是情绪现实以及认知现实。生理心理学就在两者的交叉路口上，寻觅真理。我们可能会问，早期的生理心理学家是不是有点超前了。你可能也会认同。今天，打开电视，铺天盖地的广告都在信誓旦旦地告诉消费者，只要吃下一颗药丸，人体内就会发生化学变化，而生活亦将变得愈加美好。暂且抛开这些浮夸的医疗广告效果不论，我们可以肯定的是：生理的确会显著影响到个体行为，而且，或许世间从来都没有两个完全相同的大脑。不同个体之间的大脑，存在的差异不计其数，从脑叶的尺寸大小，到不同神经递质活动的强度高低，不一而足。不过，大脑的生理特质对于个体差异的影响程度究竟有多大呢？

“遗传性”这一概念也是生理心理学所着重强调的。在某些方面，你之所以成为今日的你，或许在你出生之前，就已注定，或者至少部分已经注定。不仅你的基因来自父母，你父母对于你的个性、习惯也有影响，其影响方式不计其数——毫无疑问，你的态度和行为，是在自己成长过程中通过观察父母而习得的，这种影响经由你的大脑发生作用。

大脑仅仅是一个器官，但是若论其复杂程度，其对于塑造人类身份所具有的至关重要的作用，远非其他器官可媲美。

一般而言，生理心理学领域的泰斗级人物的核心要务，乃是去探究人类大脑的解剖结构、生理机能是否与个体的思想、情绪以及行动直接相关，其内在机制又包括哪些。

勒内·笛卡尔
René Descartes

生于1596年，出生地：法兰西王国，图赖讷拉海。
卒于1650年，逝世地：瑞典，斯德哥尔摩市。
毕业于普瓦提埃大学。

核心思想

勒内·笛卡尔在哲学和数学领域都做出了卓越贡献，其显赫声名与心理学的联系并不紧密。但是，他皓首穷年，对于心智、科学过程、人体结构及其机制的本质进行了大量哲学思考。他的成果对于今人如何去思考“思考”本身，产生了不可磨灭的影响。笛卡尔首次提出了一个看起来非常现代的概念——**“身心问题”**，即究竟什么是心智和身体，两者又是如何产生交互作用的。

Cogito ergo sum——“我思故我在”，这一句名言耳熟能详，印制在今时今日的短袖衫上也不落伍。这句话涵盖了笛卡尔这位伟大人物最为著名的思想。具体而言：任何事物，只要能够被怀疑，那么我们就应该抛弃自己对于它的想法，原因在于，这个事物，不论它是什么，从本质上而言都是不确定的。笛卡尔认为，如果我们对于任何值得怀疑的事物都不做任何假设，那么我们就仅仅拥有一件东西——那就是怀疑的能力。而且，对于笛卡尔来说，正是怀疑和思考的能力，才让我们成为有意识、真实的存在。

不难看出，这种思考问题的方式对科学方法具有重要的启示意义。事实上，今天的学者认为，在真正着手开始实验之前，抛开自己头脑中所有的臆测，这是研究中非常基本的一点。

笛卡尔还是“反射”这一概念的提出者，尽管他的理论的一些方面长期以来被驳倒或者被遗弃。他指出，外界的刺激会导致神经细胞内部发生一系列变化，后者又会激发出他所谓“生气”的活动。所谓的“生气”当然并不存在，但是，人体确实会对特定的刺激自动进行回应，在这一点上，笛卡尔的先见之明完全准确无误。他进一步指出，“认知”与“身体反应”之间的相互作用（这一相互作用被认为是“意识”的本质）发生在大脑当中，具体位置就在松果体内。笛卡尔认为，这一相互作用乃是一个双向过程：身体对心智所施加的影响，具体体现为令心智了解到身体的反射；而心智反过来又会影响身体，具体体现为激发出实际活动。此种互相影响的观点，恰恰是“二元论”这一哲学概念的核心之所在，后者将心智和身体视为两个不同的实体。

这一思想进一步推论出：心智是无法在物理上进行量化的——也就是说，它并不存在具象的物质，而且，思想不存在任何物质的属性。这种对于“心智”的定义，涵盖了当代社会对于“灵魂”的定义，因为笛卡尔认为，心智是可以在肉身死亡之后继续存在的。而身体，就其部分而言，是有限的且轮廓清晰的，在笛卡尔看来，它是彻头彻尾的物质实体。上述理念与“第一性”“第二性”的概念在某些方面有共通之处。第一性亦即客观的、可观察的、可测量的特征，可以脱离所有的主观性对其进行感知；而第二性的特征则并不能具体识别，正因如此，人们可能对其产生偏见或误读。与之类似，笛卡尔也提出了

两种观念，一是固有观念，它是自然而然产生的，并不需要借由与外部世界进行交互而获得；二是衍生观念，它既产生于直接的外部经验，也产生于通过经验所形成的记忆。

笛卡尔不仅对“生气”进行了深入的探讨，他还坚信：松果体仅仅存在于人类大脑之中，而且只有人类才拥有真正的意识、推理的能力以及感受痛苦的能力。只不过，松果体第一次被发现，却是在公牛体内。另外，多项研究表明，动物同样能够展示出解决问题的能力，而诸多非人类的哺乳动物也能展现出痛苦的感觉。

重要影响

笛卡尔的哲学思想，简称“笛卡尔哲学”，对于后续开展人类的感官感觉、思维和体验的研究产生了直接而深远的影响。但是，后世部分理论家却反对笛卡尔哲学的二元论概念，他们认为所有的体验和事物只能是两类中的一类，物质的，或者非物质的。托马斯·霍布斯（Thomas Hobbes）认为，心理活动之所以产生，原因在于大脑内部的生理活动，而且他相信，所有的知识都来自感官感觉；霍布斯主义认为，不存在所谓的固有观念，一切事物都是物质的。约翰·洛克（John Locke）虽然受到笛卡尔机械论观点的极大影响，但他反对笛卡尔哲学的二元论，而是支持实证主义。乔治·贝克莱（George Berkeley）和巴鲁赫·斯宾诺莎（Baruch Spinoza）也同霍布斯和洛克一道，反对笛卡尔哲学的部分观点。尽管如此，对于身心问题的探讨却一直持续到今日。

于我而言

心智在什么时候停止运转，并且身体开始运转，反过来，身体什么时候停止运转，心智开始运转，这个问题是笛卡尔哲学中很重要的一部分，当然了，最终答案直到今日仍然未曾出现。我们知道，心智会影响身体，身体也会影响心智，但是，究竟在哪一时刻它们变成了截然不同的实体呢？如果我们的心智不再感知物质世界，那么，世界还是真实的吗？

大家在某些聚会上一起玩的游戏，就有关于心智和身体的区别，在游戏中你会发现，身体反射压倒了有意识的思维。读者不妨试一试：坐下，右腿稍稍抬离地面。右脚有规则地画圈，沿*顺时针*方向（非常重要）。现在，在右脚画圈的同时，抬起你的右手食指，凌空在你眼前写阿拉伯数字“6”。注意到你的右脚发生了什么有趣的变化吗？估计它基本上不会再沿顺时针方向画圈了，甚至还有可能朝相反方向画圈！你可能很想知道，自己的脚究竟在“想”些什么，其实真正的原因在于，此时心智已经退居次位，身体则不顾一切地、反射性地希望右脚和右手朝着相同的方向运动。这种反射性冲动之所以占据上风，原因在于，右脚和右手手指皆受大脑左半球控制，而大脑又希望尽量简化行为。你还能够指责自己的身体吗？现在，再重复一下这个实验，右腿仍然顺时针旋转，但是这一次用左手凌空画“6”。这次，你应该不会再出现上一次的反射了。因为双侧大脑半球能够同时执行不同的任务。

反射当然是十分重要的。有的时候，身体已然开始产生反应了，但心智却完全无法驾驭身体，不论任何意图都实现不了。譬如：打喷嚏，退缩，眨眼，碰到滚烫的炉盖而弹开，又或者因为恐惧而呆若木鸡等。我们要感谢勒内·笛卡尔如此之早地提出了“反射”这一概念，他的论述激发了之后数个世纪的科学研究工作。

如果你在深思“灵魂的本质”或者“上帝的属性”，那么你很可能在使用笛卡尔哲学的术语。某些与笛卡尔同时代的神职人员认为，他的著述太具颠覆性，甚至属于异端思想，但其实笛卡尔却是一个对宗教信仰十分笃信之人。他认为，灵魂与心智属于一个实体，它们能够超越物质世界中时间与空间的限制，这一思想至今仍然为数以百万计的人所坚信。大脑中是否存在某些东西超越了其物理特性，赋予我们生而为人的意义呢？笛卡尔显然认为，其答案是肯定的。但也许没有人能确切地知道问题的答案。

查尔斯·达尔文
Charles Darwin

生于1809年，出生地：英格兰，肯特郡。
卒于1882年，逝世地：英格兰，什罗普郡。
毕业于爱丁堡大学和剑桥大学。

核心思想

查尔斯·达尔文的理念从根本上永久地改变了心理学的发展路径。达尔文是进化论之父，但是有些人之所以知道他的名字，则很可能是因为“达尔文奖”这一奖项。该奖项是为表彰那些“通过愚蠢的方式毁灭了自我或意外地丧失了繁殖能力，从而为改进人类基因库做出贡献”的人所颁发的奖项。达尔文的名字之所以与这个奖项相关，是因为他提出了“适者生存”这一观点。

达尔文的开创性著作《物种起源》出版于1859年。他在书中阐述了自己具有革命性的理念，分别是“自然选择”和“性选择”。（很有趣的一点是，早在该书出版多年之前，达尔文即已经就上述概念形成了相当成熟的思路。不过由于这中间的间隔过长，使得很多人误认为达尔文害怕自己的思想会对社会产生难以预见的负面冲击。）“自然选择”这一术语指的是：随着时间推移，大自然会逐渐消除某个物种不具有适应性的特征，这些特征对该物种没有用处，拥有这些特征的物种比没有这些特征的物种灭亡得更快。“性选择”这一术语指的是：

有机体在寻找配偶时，会更加积极地、更加有意识地去寻找那些携带有适应存活的特征的异性，由此提升自身所在种群存活下去的概率。[①] 至于为什么性选择能够发挥作用，那是因为，携带有适应性特征的潜在配偶，一定是更加令人满意的：他们的存活时间会更长，他们的适应性特征会遗传给后代，从而生育出更加强壮的种群成员。显然，此一过程是发生在有机体个体层面的，但是它同时也会对整个种群具有宏观层面的意义。

照此逻辑，查尔斯·达尔文同时推测：不同的物种，包括人类和类人猿，可能拥有共同的祖先。换言之，按照进化论的观点，正如你和你的堂兄弟拥有共同的祖母一样，人类和类人猿——或者更早期，和所有其他物种——最初都出自相同的生物体。这个理念在当时充满了争议，很多讽刺漫画会将达尔文画成一头类人猿。尽管受到了强烈的反对，但是达尔文却义无反顾、不走回头路，他的进化论也终于开始逐渐为世人所接受。最终，越来越多的人相信，人类并不是从一开始到今时今日外貌都是一样的，而且，正如其他动物一样，我们同样是远古时代的生物的后裔。

很多人对于进化论的理解还仅仅停留在"解剖"层面上——人类和穴居人都是由同样的祖先进化而来的，那些让穴居人有效抵御捕食者、健康生活、更好地适应所处环境的特征代代相传，如今就存在于人类的血液当中。但是普罗大众想不到的是，达尔文的理论同样能够

---

① 换言之，达尔文认为生物体能够像当代人玩Tinder交友软件一样，"向右滑"。Tinder是欧美较为流行的交友软件，用户在软件界面上如果看到自己喜欢的用户照片，则可向右滑，代表"喜欢"。——译者注

完美地适用于心理学之中。事实上，在大众眼中，那些将人类与其他动物区分开来的特征——我们思考、感受、行动以及反应的方式——起初恰恰就是具有进化意义的适应，而且，随着数千年的流逝，逐渐根植到了人类身上。达尔文认为，正如我们不再长出尾巴一样，那些成千上万年之前即已对我们无益的思考方式也已被人类抛弃。

随着对动物的观察日益深入，达尔文愈加发现，人类与动物在情绪和行为方面的联系十分紧密。由此，他在审视人类与动物的差异时提出，与其说两者分属于不同种类，不如说只是存在程度高低之区分。这一理念在达尔文后续出版的著作《人类和动物的表情》（*The Expression of the Emotions in Man and Animals*）之中体现得淋漓尽致，不仅见诸字里行间，更反映在不同艺术家绘制的画作和早期拍摄的照片里。举例而言，猩猩在愠怒和撅嘴时的样子和人类非常相似；当一只猫遭遇捕食者时，猫脸会充满恐惧，这与人类在感到惊恐时的反应也没有差异；猕猴受到爱抚时，脸上会因为快乐而露出幸福的表情。

达尔文还认识到，不同文化之间，人类情绪的表达同样十分相近。他发现了很多在不同种群间具有相同表达形式的情绪——喜爱、欢乐、虔诚、焦虑、失望、悲哀，而且他提出假设认为，这些情绪表达能够帮助人类与同种群内的其他同伴交流内心感受。

重要影响

达尔文的理念在很多层面上改变了心理学思想的发展方向。后世的理论家开始更加关注个体之间的差异，以及这些差异是否既来自基因，同时又来自漫长历史进程中的不同进化方向。（这一思想也存在其阴暗面，譬如那些鼓吹种族优越或者种族低劣的理论。）达尔文的工作也为后世的智力研究和人格研究奠定了基础。动物习性心理学——这一心理学分支也对达尔文的理论多有借鉴——最有名气的研究者是康拉德·洛伦茨（Konrad Lorenz），他观察动物在自然环境中的表现，发现了诸多根植于基因中的行为，譬如说印记。（现存一些非常有趣的影片，内容是鹅群执着地跟着洛伦茨走。由于鹅群在年龄较小时已经将洛伦茨的形象印刻在脑海里，所以它们坚定地认为洛伦茨就是它们的妈妈。小鹅在长久的进化中，为了提高生存率，形成了一种先天行为倾向，那就是，在它们出生之后的一段关键时期内，会对第一眼看到的动物产生依恋。）

关键实验

查尔斯·达尔文曾经乘坐小猎犬号去探索南美洲驻地，历时接近五年，其间他做了很多观察。这一旅程本身并不能算作一次实验，但是达尔文所做的观察却促使他在将来提出了进化论。（讽刺的是，小猎犬号船长罗伯特·菲滋洛伊本来希望这一旅程能够证实《创世纪》，让科学发现更能偏向《圣经》的论述。但当达尔文开始在厄瓜多尔沿海的加拉帕戈斯群岛观察动物时，菲滋洛伊的希冀落空了。）达尔文吃惊地发现，一个种属内部居然存在着如此之多的物种，尤其是雀科鸣禽和龟。除了数目繁多之外，更加让人惊愕的是，每一个物种都发展出了自己独有的特征，那是它们为了适应所处环境而做出的相应改变。（譬如说，不同雀类的喙形状各异，因为它们寻找食物的来源不同。）世人已经知道，人类动物饲养员能够选择培育出不同的特征，例如，饲养员能够培育出特定类型的狗。但达尔文在加拉帕戈斯群岛的观察使他相信，大自然同样能够选择特定的特征，而且，那些能够通过自然选择过程留下的特征，往往都是与动物生存关联最为紧密的特征。

于我而言

请读者先想一想最让你毛骨悚然的是什么东西。进入你脑海里的答案有哪些呢？有蜘蛛吗？悬崖峭壁？毒蛇？电闪雷鸣？老鼠？其实，如果你思考的是那些当今世界上致死率更高的事物，你应该想到的是汽车、药物、枪支器械或者电源插座。但你和绝大多数人一样，还是很可能会被那些在目前的日常生活中完全不构成致命威胁的事物吓得闻之色变。现代人在插座旁边走动不会感到恐惧，但仍保留着对悬崖峭壁、毒蛇、风暴、蜘蛛和深水的恐惧，这究竟原因何在？正确答案是：对于我们的穴居人祖先来说，这种恐惧是十分合理的。正是因为有所畏惧，他们才能存活下去。并且我们祖先的恐惧让人类这一物种存活下来，祖先们让自己的基因繁衍不绝的动力，深深根植于他们的血脉中。

话说至此，读者在寻找伴侣的时候，最在乎的是哪些特质呢？当然，不同的文化对于“美丽”的定义千差万别，因此上述问题的答案五花八门。此外，不论一个人是同性恋、异性恋抑或双性恋，个体在寻找伴侣的时候，基本不会仅仅以繁衍生息作为唯一目的。尽管如此，那些让大多数人感到具有性吸引力的特质，却着实反映出人类在内心深处，仍然迫切地希望将子女的生存率最大化。

一个女人如果希望寻找一位长期的伴侣，那么她会非常倾心于“养家者”类型的男人，即一名性情稳定、值得信赖同时经济条件不错、足够供养子女的男人。一个男人如果想要给自己的孩子寻找一位母亲，那么他会喜欢擅长养育儿童、性格温和而且心地善良的女子。只不过，如果我们单纯地探讨躯体特质，那么任何在线约会网站上的用户头像都可以表明，就男性来说，修长的身材和强壮的身躯更加性感；就女性来说，曲线动人、娇柔温婉的身材则更加性感。这些特质都代表着青春四射和生育活力，而且它们都已影响到人类的性欲，不论某一个体的目的是生育子女，抑或仅仅一夜风流。纵览全球，不论男女，总体上都十分偏好那些能够表明个体具备基本“遗传适应度”的特征，譬如，对称的脸庞，以及没有明显疾病或者受到感染的皮肤。

一项有趣的研究表明，异性恋女性在衡量男性是否具有吸引力时，会受到自身所处生理期阶段的影响，如果她处于排卵期，那么她就会偏好那些更加具有男子气概并且身材更匀称的异性。

简而言之，很多行为看似自然而然，但其实它们并非从一开始就根植于人类的血脉当中。恰恰相反，它们只不过反映出人类在漫长的历史进程中对于外部环境所做的适应。这些适应驱动着我们的祖先，也驱动着今时今日的我们，继续让自己的基因绵延不绝。那些让我们感觉自然而然而做出的行为，全部是进化而来的，它们让我们安全，让我们更加聪明、更加强壮而且更加健康。

保尔·布罗卡
Paul Broca

生于1824年，出生地：法国，吉伦特河，圣·富瓦·拉·格朗。
卒于1880年，逝世地：法国，巴黎。
毕业于巴黎大学。

核心思想

保尔·布罗卡对心理学的影响力十分巨大，以至于大脑的一个分区就是以他姓氏命名的，即*布罗卡区*，该区位于额叶，属于优势大脑半球，主要负责言语生成。（绝大多数人都惯用右手，因此绝大多数人的优势脑都在左半球，这也就意味着，绝大多数人的布罗卡区都位于左半球。）

论及布罗卡与这个脑区的渊源，要从他做外科医生的时期开始介绍。彼时，他遇到了一名来院治疗长达二十多年的病患。这名患者的听觉理解能力完好无缺——别人跟他说话，他完全能够听懂。但是他却只能够说出一个简单的音节。布罗卡检查了病患的舌头、音带和喉，很快就推断出对方在生理层面上并无缺陷。不久之后，病患去世，布罗卡对其进行尸检，发现其左脑额叶存在一大块损伤区域。布罗卡之前的大胆设想在这一时刻终于得到了验证：大脑该区域的损伤将对言语生成的能力产生特定性影响，但是此损伤对于言语理解的能力则丝毫没有影响。

早期的理论家曾经尝试提出过所谓*“大脑功能定位”*的理念，也就是说大脑的特定区域与特定的心智功能直接相关联。可惜，或许由于这些人是理论家而不是科学家，所以，上述观点在当时的科学领域并未获得太多的认同。但是，布罗卡的发现却促使他在科研之路上再进一步——他又分析了十多名病患的脑部，发现了相似的损伤。最终，他为大脑功能定位理论提供了具体的、系统的、实证的证据，并且为后续研究奠定了坚实基础。

布罗卡最初的那位病人所患的疾病，目前被称作**“失语症”**，泛指在言语方面的缺陷。具体而言，最初这名病患的疾病叫作*“表达性失语症”*，亦被称作*“布罗卡氏失语症”*。对于这名病人而言，整体的语言能力并未丧失，所以他仍然能够理解别人对他说的话，但是他说话的能力却大幅度受损，原因就在于额叶部分所受到的损伤。在布罗卡做出这一结论的十年之后，科学家又发现，另一块相近的大脑区域主要负责言语理解，并且以其发现者——德国神经学家卡尔·韦尼克（Carl Wernicke）命名。如果这一区域受损，那么，罹患失语症的病人虽然能够流利地说话，但是他们说出的话却无法构成完整的意义，而且他们也无法理解别人所说的话语。这种情况被称作*“感觉性失语症”*，它现在更常用的一个名字叫作*“韦尼克氏失语症”*。

在大脑的结构与特定的能力、行为之间发现了确切存在的相关关系，这在科学史上可以说是具有重要影响的大事。科学家终于发现：大脑并非一个完全同质的结构，而是存在不同的区域，分别存在不同的特征。时至今日，绝大多数的脑科学研究，本质上仍然是以此发现为基础。

重要影响

布罗卡的发现作为一个重要的基础，促使后续无数的科学研究去探查大脑与不同的情绪、心理特征之间的关系，从更广义而言，即为探查行为特征背后的生理决定因素。该领域的研究时至今日仍然在科学界占有一席之地，其中还包括很多非常成熟的项目，譬如人类基因图谱等。布罗卡的发现还催生出了体质人类学的一个关键领域，即对大脑进行测量，并研究其发现。

于我而言

布罗卡的研究成果与大脑功能定位理论，有的时候，更多的是与“坏消息”联系在一起的，与“好消息”相去甚远。不妨举一个具有代表性的例子，大脑肿瘤。几乎可以说，大脑肿瘤有无数的症状——记忆减退、味幻觉、丧失平衡、视觉改变、呕吐、肌肉无力等——它们能够影响感觉、行为和情绪，进而改变整体的人格。对于大脑肿瘤，不存在标准的症状表现，这对于早期的诊断十分不利，因为医生很可能对于病患因大脑肿瘤而产生的症状置之不理。（同时，某些人或许大脑完好无损，却被误诊为罹患大脑肿瘤，这种情况也可能存在。）

大脑损伤同样会迅速产生千差万别的后果——大脑受到损伤的区域如果存在差异，由此产生的后果就会大为不同。就这一点而言，最著名的个案，就是一名铁路建筑工人，名字是菲尼斯·盖奇（Phineas Gage）。他的事迹早于布罗卡的发现达13年之久。1848年，盖奇在工作时惨遭令人毛骨悚然的重伤，一根铁棍穿过他的左侧面颊，贯通了整

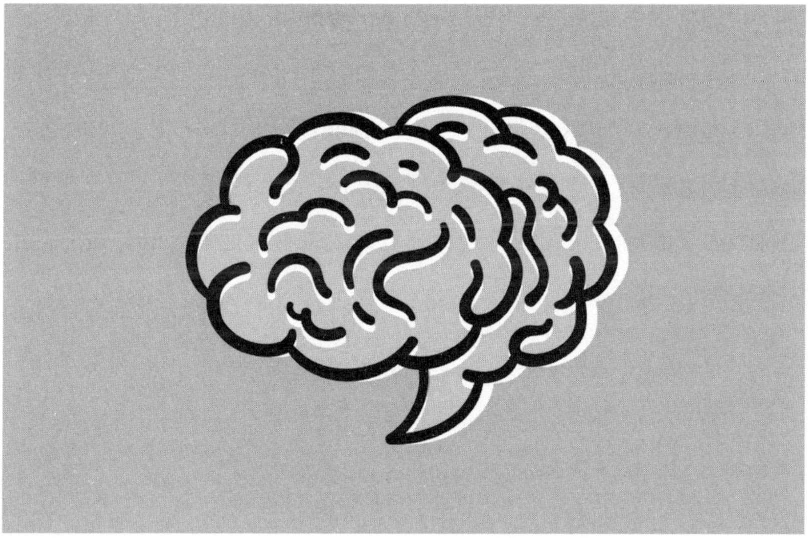

个颅骨，最后从头顶穿出。盖奇奇迹般地存活下来，甚至身体最终亦完全康复，但是他的人格却永远地发生了改变。当然，对于盖奇人格的改变，人们并不是没有心理准备，只不过，这些改变远远地超出了因身体受伤而导致情感创伤的范畴。在事故发生之前，盖奇是一名高产的工人，为人“井井有条”，但在受伤之后，他的行动变得难以预测，根本没有能力去制定计划或者按照计划行事。曾经温良恭谨的一个人，如今却暴躁不已，时常破口大骂。他变得不再有耐心，整个人非常固执，无法跟他人共事。头脑所受到的损伤，最终完全改变了他的人格。

更令人瞠目结舌的是“外国口音综合征”，该病一般是由于大脑受伤引发的，甚至还有严重的偏头痛诱发“外国口音综合征”的案例。患者一般会开始使用极不寻常的方式说话，而且其声音高低和抑扬顿挫的方式也会显著改变。并不是说患者会使用和某外语一模一样的口音讲话，而是他的声音机理发生了大幅变化。研究表明，病因一方面来源于控制机械运动的小脑受损，另一方面可能是因为下颌与舌头之间不相协调，导致患者讲话的方式与之前相比完全不同。

威廉·詹姆斯
William James

生于1842年，出生地：纽约州，纽约市。
卒于1910年，逝世地：新罕布什尔州，塔姆沃斯市。
毕业于哈佛大学。

核心思想

威廉·詹姆斯的鸿篇巨制《心理学原理》(*Principles of Psychology*)，前后耗费数年写就，全书洋洋洒洒共1300页，全景式展示了心理学全部领域。1890年，该书出版之后，风靡一时，可谓洛阳纸贵，以至于有时候读者直接称呼该书为《詹姆斯》[*James*，再之后，又出现了一个更加简短的昵称，《吉米》(*Jimmy*)]。

威廉·詹姆斯提出的真知灼见可谓如此之丰富，他对于心理学领域的影响力可谓如此之广泛而持久，以至于我们很难概括出他究竟为什么如此具有影响力。鉴于此，本书只能将他最重要的理论归纳成三个领域：他关于“习惯”的思考、他关于“意识”的理论，以及他关于“情绪之本质”的观点。

詹姆斯在写到“习惯是如何形成”时，非常接近一个行为主义心理学家的观点。他相信自由意志的存在，但同时也提出假设认为，习惯会在大脑当中留下解剖学意义上的痕迹，而且随着时间的推移，痕迹将越来越深，并形成一条路径。这条路径可以使人保持惯性，更有可能保持这个习惯。詹姆斯还提出，习惯有助于防止社会混乱；对于那些面对困难、需要动力的人，习惯能推动他们前进。这些观点与机能主义学派的观点不谋而合，而詹姆斯也确实被认为是该学派的开山鼻祖之一。

《心理学原理》中提出了**“意识流”**的概念，代表着与结构主义观点的背离。结构主义观点认为，思想能够被分割成为互相独立、各具意义的组成元素。詹姆斯提出：思想就像是一条绵延不绝的河流，中间没有任何空隙，而且无法再细分成为组成成分。在书中他还写道，意识是一件具有个体性的事物——你有你的思想，而我也有我的思想。詹姆斯还相信，意识是具有选择性的（也就是说，有时候我们会注意到事物的组成部分，有时候我们会注意到事物整体），而且是具有目的性的。上述所有思想，汇总到一起，描绘出一幅以往任何理论都不曾触及的画卷。这种将意识视作“实况转播”（我们常常说出一连串想法）、无法轻易加以分割或者归类的理念，至今仍然存在着坚定的追随者。

詹姆斯还通过**“詹姆斯-兰格情绪理论”**改变了普罗大众的认知，该理论以他和丹麦生理学家卡尔·格奥尔格·兰格（Carl Georg Lange）的姓氏命名。当时占主导地位的观点认为，情绪先于生理反应而存在。但詹姆斯-兰格情绪理论却反其道而行之，提出情绪乃是对于生理感觉体验的回应。举例而言，当你看到一只罹患狂犬病的狗向你怒吠时，你并不会首先感到害怕，然后再浑身发抖并且心跳加速；相反，你看到了这只狗，你浑身发抖，并且心跳加速，在此之后，你才感到害怕。该理论自提出之日起，就经受了许许多多的挑战。当代理论家指出，该理论能够部分解释生理感觉和情绪之间可能存在的关系，只不过，还有其他信息能够影响个体在所处情境的情绪，而且，主观的情绪反应有的时候确实能够引起生理层面的反应。

重要影响

威廉·詹姆斯的影响非常深远，以至于很多人认为他才称得上是第一名真正的心理学家。机能主义、认知心理学以及格式塔心理学，皆植根于威廉·詹姆斯的理论，哲学思想中的实用主义流派同样如此。詹姆斯–兰格情绪理论，虽然经过修正才被当今的学界所接受，但正是由于它奠定了坚实基础，后续多项研究才得以去探索生理反应的本质及其在认知过程与情绪过程中所扮演的角色。

于我而言

假设你没有养成设定闹钟提醒自己按时起床上班的习惯，而且其他人也没有这个习惯，那么也许现代社会就无法平稳顺利地运行。谈到习惯，很多人想到的是“恶习”，但其实很多日常行为，包括红灯停、穿衣服等，也可以被视作积极的习惯。提及威廉·詹姆斯与现实生活之间存在的联系，首先映入脑海的，就是他对于“如何创造全新的、积极的习惯”所提出的理念。

詹姆斯认为，为了消除一个消极的习惯（他将其视作一个神经路径，犹如大脑中的一条小径），同时绘制出一条新路径，那么，首先有必要尽可能强烈地、决绝地掌握主动权。举个例子，如果你希望戒掉碳水化合物，那么，首先，请清理你的食品储藏柜，然后，在脸书

网（Facebook）上大声地、明确地宣告你的意图。同时，你还应该秉持詹姆斯对于“连贯性”的信念——如果过早就偏离自己全新的行为模式，绝对会让你事倍功半。假如说，你近期下定决心节制饮酒，或者定期锻炼，本来已经坚持了数日，但却因为一段假期而前功尽弃，那么你就会知道，仅仅是一天的旧瘾复发，也会对全新积极习惯的建立产生破坏性影响，即便是先前已耗费半年之功，亦无济于事。

此外，尽管我们已经看到对于詹姆斯-兰格情绪理论不乏非难者，但是其价值仍然长久不衰。举个例子，你是否曾经在喝过一杯特浓咖啡之后，开始感到紧张、焦虑并且不安呢？你花费了多长时间才意识到这仅仅是咖啡因的作用呢？你的生理症状诱导你认为自己很紧张，但是当你想起其实是因为刚才喝了浓咖啡，你很可能心里会更平静些。决定露出笑容，然后发现你确实感到高兴；采用一种更强有力的身体语言，然后你感到更有信心；在不会之前，假装自己会——这些全部是詹姆斯-兰格情绪理论实际应用中的积极示例。至于消极的例子，最恰当的莫过于被焦虑症所折磨的人们。当他们的心脏突然悸动，其原因可能完全不值一提，或许是由于刚才吃了辛辣食物，又或者是由于疾步走过楼梯，他们会将心脏猛烈跳动的感觉解读为自己受到了威胁并且十分害怕（我们称其为内感受性感觉）。当生理感觉开始出现时，消极的情绪亦随之而来。

行为心理学

生理学家认为，人体的构造及其生理过程，加之历代祖先的历史，能够影响人类的行为。行为主义心理学家对此则不敢苟同，他们认为：我们的经历成就了今日的我们，而且，我们所学习的东西以及对于外部世界所进行的观察，足以完全彻底地塑造我们。他们关注的是“行为”，关注的是“对行为进行量化测度”。昨天我们注意到了什么刺激，这些刺激如何影响了今天的行为？什么样的奖励和惩罚能够最为迅速地教会我们在将来进行某种行为？最纯粹的行为主义观点认为，人类在出生时，本质上就像一块空白的页岩，等待着被环境去雕琢，变得更好或变得更差，而且，人与人之间的气质、情绪体验或个性在本质上并无差异。行为主义者认为，“外部环境影响”与“我们的生活决策”之间的联系，才是至关重要的，远超过包括“遗传倾向”或者“认知解释”等在内的其他诸多因素。行为主义者通常会首先研究动物，然后将结论推及至人类，这是因为，在他们眼中，行为的驱动机制在不同物种之间是完全一致的。二十世纪初期，行为主义学者们单枪匹马，让心理学的研究关注点为之一新，不再仅仅聚焦于心理和情绪的内在机制，而是将视角不断扩大，去探索新问题，其中就包括从外部视角解释人类如何在世界上生活。这种对于心理学视角的扩展，延续到了今时今日。现在行为主义心理学的研究成果通常会跟认知心理学的研究成果双剑合璧，以期得出更加全面的结论——尤其是在心理疾病治疗领域更是如此，尽管如此，行为主义领域最早期出现的理论，在当今世界的影响力仍然巨大，仍然生机勃勃。

伊万 · 巴甫洛夫
Ivan Pavlov

生于1849年，出生地：俄罗斯帝国，梁赞市。
卒于1946年，逝世地：苏联，列宁格勒州。
毕业于圣彼得堡国立大学。

核心思想

作为一名研究人员，伊万 · 巴甫洛夫起初的关注领域是狗的唾液分泌反应。他对于经典条件发射的科研探索，与过去的动物研究有所不同，一方面在于他的研究更加关注行为，另一方面则是他对狗进行了长期的研究，并且不会因实验目的而杀掉狗。巴甫洛夫很快就注意到了超自然的分泌现象——虽然食物还没到狗的嘴里，但狗就已经开始流口水。当他开始去探究这种反复出现的行为模式之后，他开始将这种类型的唾液分泌称作*条件反应*（conditional response。最初的俄语版本中的“conditional”一词被翻译为英文单词“conditioned”，因此之后“conditioned response”这一术语也有所使用）。

如果你想要熟练掌握巴甫洛夫条件反射理论的基础知识，首先需要学习两个关键术语——非条件刺激和条件刺激。所谓**非条件刺激**，是指能够自动诱发反应（譬如狗分泌唾液）的刺激（譬如肉粉），而且这种诱发是完全天然的，不需要任何条件作用。所谓**条件刺激**，是指能够诱发反应（譬如狗分泌唾液）的刺激（譬如一个音符），但是它首先必须要与非条件刺激（譬如肉粉）搭配，并且需要达到足够的次数。

在对狗所做的实验研究中，巴甫洛夫发现，条件刺激本身无法自然而然地诱发反应。举例而言，狗是不会贸然将一个音符和食物联系起来的，同理，从理论上看，一个音符无法让狗分泌唾液。但是，当条件刺激（一个音符）和非条件刺激（肉粉）两者之间反复进行搭配，重复多次之后，一个音符最终能够诱发出唾液分泌现象，换言之，即便狗并不会无端将音符和食物联系起来，但是，在音符多次与食物联系起来之后，即便不给狗提供任何食物，音符仍然能够导致狗分泌唾液。

在巴甫洛夫的理论中，还有一个关键点。他发现，条件刺激与非条件刺激搭配的次数越多，两者之间的联系就越稳固，而且条件刺激所诱发出的反应也就越强烈。巴甫洛夫指出，反复进行搭配是非常关键的，此外，**“时间接近性”**也是极其重要的——换言之，非条件刺激（肉粉）的呈现必须要紧紧跟随条件刺激（音符）的呈现。假如两者同时呈现，或者呈现次序前后颠倒，那么就不会产生条件反应。

巴甫洛夫相信，如果在非条件刺激呈现之前，条件刺激的体验已经消退，**痕迹条件反射**可能偶尔出现。他还观察到，在非条件刺激（肉粉）独自呈现多次，但是条件刺激（音符）却不呈现时，条件反应（狗分泌唾液）就会完全消失。这是因为，狗逐渐通过学习了解到音符不会再预示着食物即将出现，所以它们的唾液腺最终不再对音符做出反应。（尽管如此，巴甫洛夫仍然指出，条件刺激与非条件刺激之间的联系，某些时候会自发地恢复。）

巴甫洛夫还发现，条件刺激每一次呈现的方式不必苛求完全一致，只需达到一定的相似程度即可，如此，则条件反应仍然能够正常出现。他将这种现象命名为**“刺激泛化”**。换言之，音符不必每一次都要设定完全相同的音高。巴甫洛夫还教会狗进行他所谓的“*辨别*”，亦即分辨同一刺激渐变程度的能力。譬如说，巴甫洛夫实验当中的狗就了解到，如果音叉发出声调高的音符，则预示着食物将会出现，但是音调低的则无法预示。不过，巴甫洛夫注意到，如果他使用的不同音符之间太过相似，再强迫狗去进行数量过多、难度过大的辨别，那么狗就会罹患他所称的**“实验性神经症”**，并且感到十分焦虑、沮丧泄气。

巴甫洛夫还进行了**“高阶条件反射”**的研究，也就

是将条件刺激（譬如一个音符）等同于非条件刺激（譬如肉粉）加以使用，将条件刺激作为基础，开始全新一轮的条件反射。但是，他发现，随着高阶条件反射的阶层逐渐提升，条件反应（唾液分泌）的强度亦会相应递减。他相信，二阶条件反射，仅仅比原始的条件反射高一个层级，其效果仍然可以实现，但是三阶条件反射则基本上毫无成功的可能。尽管如此，高阶条件反射这一理念仍然为“行为链条”这一概念奠定了基础，通过行为链条，在不同层级的刺激以及反应之间建立起联系。

巴甫洛夫的理论不乏反对者。由于他是一名生理学家，所以当时的某些学者认为，他的条件反射实验与真正的科学相去甚远。当然，今日的心理学家对此持不同意见。

重要影响

尽管一般不会认为巴甫洛夫是行为主义的真正创始人，但是，你可以将此荣耀归给他。他的理论直接影响了约翰·B. 华生——“行为主义”这一术语的创始人，后者对于经典条件反射产生了浓厚的兴趣和热情。后续出现的条件反射理论（诸如B. F. 斯金纳的操作性条件反射），皆吸收了巴甫洛夫首先提出的学术思想。巴甫洛夫在解释人类行为背后的原因时，相对于“心智”，更加强调“环境”的作用，数十年之后，行为主义仍然在亦步亦趋地跟随巴甫洛夫的脚步。

于我而言

人类所有自发性的生理反应，都可能受到条件反射的影响，其结果有好有坏。以“性唤起”举例，一般来说，性唤起常常是由刺激引发的条件反射，而这一刺激与过去的性唤起有关。譬如，一对情侣可能会在听到某一个特殊的词语、一首歌曲或者见到某一物质的信号时，产生想要耳鬓厮磨的情绪。与之相比，呕吐则是让人不那么开心的条件反应。或许你之前只是因为吃到了不新鲜的河蚌而食物中毒，结果，现在你只要看一眼河蚌，肠胃就开始翻江倒海。人体对于毒品和酒精的反应，甚至也与经典条件反射存在联系。以酒精耐受力为例。所谓的“*耐受*”指的是，之前喝一杯酒就能够起到效果，之后为了达到同样的效果，需要喝越来越多的酒。耐受现象之所以出现，部分原因是当人开始喝酒的时候，人体会形成一种生理反应，试图去抵消酒精的效果。身体会分泌一种可以对抗酒精的物质，并记住酒精的特征（主要是其气味和味道）。当一个拥有高酒精耐受力的人打开一罐啤酒时，他的身体能够预期到酒精可能产生的效果，并开始采取行动，就如发生条件反射一般。与上述生理现象同理，如果一个人戒毒多时之后重蹈覆辙，那么即便吸食的毒品量并未超过以往，也可能因为吸毒过量而死亡。概言之，在戒毒期间，身体停止了对毒品的对抗，所以一旦突然再次吸毒，则会毫无防备。

约翰 · B. 华生
John B. Watson

生于1878年，出生地：南卡罗来纳州，特拉弗勒斯 · 雷斯特。
卒于1958年，逝世地：纽约州，纽约市。
毕业于福尔曼大学和芝加哥大学。

核心思想

约翰 · B. 华生认为“结构主义”或“机能主义”都太过执着于对人类意识的本质进行探讨。他对人类的“内省”并无兴趣；他真正希望研究的，是外在的、可测量的行为。在他之前，心理学的主要着眼点在于“理解人类的心智”，但是，在他1913年发表文章和同名演讲《行为主义者眼中之心理学》之后，他不仅创造了*“行为主义”*这一词，更是让心理学的发展路径永远地发生了改变。

华生认为，行为是可预测、可控制的，而且常常是条件作用的结果。他并不相信世界上存在所谓的“本能”，而且认为没有什么行为是与生俱来的。此种观点被称作*“激进行为主义”*，诚如其名称所示，该学派认为，行为是外部环境驱力的直接产物，且此一过程清清楚楚，几乎类似于数学公式般精准无误。华生强烈赞同巴甫洛夫所提出的条件反射，并且将其进一步拓展到学习和情绪领域，他相信“时间接近性”是最重要的。换言之，华生认为，只要一个条件刺激和一个非条件刺激按照正确的顺序呈现，且间隔足够短，那么“学习”就可实现。华生还确信，就条件反射和学习而言，人类与动物之间并不存在着有意义的差异。虽然华生最早期的研究主要关注的是老鼠的学习过程，但是后来他为了直接观察人类的条件反射，会把人类请到实验室中，这种做法与巴甫洛夫截然不同。

华生还相信，作为一门科学，心理学应该开展实证性的、可量化的研究。在那个时代，他的“行为主义宣言”，基本上重新定义了*“心理学”*这一术语所蕴含的意义，此前的学者过多关注于心智的本质，而行为主义则引领着学界将注意力集中在“行为”之上，影响持续了数十年之久。

华生并不是对“情绪”不感兴趣。恰恰相反，通过对婴儿的研究，他发现，人类有三种情绪是与生俱来的，包括：恐惧、愤怒以及爱。但是他相信，这些情绪最初只能够被极少数刺激所触发（譬如，吵闹的噪声会触发恐惧，轻拍会触发爱意）。华生提出的假设认为，条件反射会将这些反应拓展到其他情境之中。也就是说，一个婴儿并非天生就深爱着自己的母亲，而是因为母亲给他的爱抚最多。成年之后的恋爱关系，也仅仅是条件反射的结果而已，是将爱的感觉和其他人、事、物建立起联系的结果。正因如此，在华生看来，情绪反应与人格或者基因都不存在半点关系。

对于人类的记忆过程和言语使用，华生亦持有相同的观点。他认为，两者都是条件反应，与其他类型的行为并无本质上的差异。华生认为，我们之所以能够记住某些事情，是因为它们与其他事物之间产生了联系，是因为这些联系已经固化到了我们的心智当中。我们能够学会说话，是因为我们受到了“外部触发器”的推动。

华生在推动心理学在普罗大众间的流行、让社会认识到心理学存在其实际应用价值方面，也多有贡献，具体说来，就是让人们了解心理学可以帮助人们赚钱。他曾与教学助理发生不伦之恋，因为这一丑闻而被约翰·霍普金斯大学解雇（之后华生离开了原配，与新欢结婚），此后，他一跃成为广告行业的高管。他充分运用自己的专业知识，帮助企业去说服民众购买自己的产品，在这一完全“非学术”的领域，他的理论可谓获利颇丰。转战商业之后，华生所使用的，仍然是恐惧、愤怒和爱的“三件套”。他相信，这三种情绪反应，加之迎合消费者的“需求”或“习惯”，能够促使消费者去购买一件产品。在对一款婴儿爽身粉进行广告营销时，他就使用了恐惧作为促动因素，促使消费者为了防止婴儿生病而关注到反复使用爽身粉的需求。华生还是邀请明星代言产品的早期实践者之一（将明星与产品结合起来，使得人们对于产品能够产生对于明星的感觉），他还较早地使用人口统计学信息，以面向市场中不同的消费者群体（考虑到他对于“测量”和“可测量的行为”的关注，这并不令人感到意外）。

不幸的是，华生对于人类行为的这种严格的、非黑即白的信念，还扩展到了亲子领域，他认为儿童不应该接受太多的关爱，如果给孩子展示过多的爱，很容易将他们宠坏，如果孩子在充满爱的环境中成长，日后将难以应对现实生活。华生相信，家长应该将孩子看作年龄较小的成年人加以对待，与其拥抱或者亲吻，不如与他们握手。对于那些父母与孩子之间充满感情的交往，他深恶痛绝。他认为对于这些行为应该不惜一切代价地加以克制。值得指出的是，华生的两个儿子对父亲的做法其实多有不满，而且，令人悲伤的是，其中一个儿子多年之后竟自杀身亡。

关键实验

华生在一个名叫小阿尔伯特的婴儿身上做的实验无疑是他最著名的实验。该实验有效展示了华生对于条件反射所提出的观点，但实验本身对于婴儿所造成的损害，却让人感觉不太好。

时间已过去八十多年，但外界对于小阿尔伯特的真实身份仍然争论不休。当时，小阿尔伯特只有11个月大，性格比较温顺。实验之初，他仅仅是害怕吵闹的噪声而已。在实验的第一个阶段，阿尔伯特被置于一张桌子上，前边摆放了一只白老鼠。当阿尔伯特一触碰到老鼠，金属棒就发出一声巨响，阿尔伯特立即向前摔倒，然后啜泣。

这个实验只做了这一次。一周之后，当老鼠再次出现时，阿尔伯特迅捷无比地爬离桌子，速度很快，实验人员差点没有接住他。彼时，阿尔伯特的恐惧已经扩展到了对毛发、兔子、狗，甚至圣诞老人面具的恐惧。

一个月之后，阿尔伯特的恐惧虽然有所缓解，但是仍然没有停止。最令人震惊的是，华生并没有试图消除这种条件反射。他懒得去消除小阿尔伯特的恐惧，他明明知道这种恐惧可能产生持续性的后果，但他却对此冷漠不理。事实上，在他的理念中，所谓“阿尔伯特的恐惧历经20年之后仍会产生某某影响”，完全是弗洛伊德学派式的解释，他对此多有指摘。对于华生来说，实验不过是一天的工作而已，其目的是为行为主义提供证据，同时否定其他流派，至于其他结果则全然不在考虑之列。

后期，他们又在另一位男孩皮特身上做过恐惧条件反射实验。这一次，华生终于向其科研助理玛丽·科弗·琼斯（Mary Cover Jones）就如何消除条件反射提出了建议。所幸，只要打破非条件刺激和条件刺激之间的联系，即可消除条件反射。

重要影响

华生所开拓的行为主义沃土，为之后的研究奠定了基础，例如，B. F. 斯金纳深入拓展了该领域的研究范围及其应用范围。华生还让学界认识到，外部环境的影响值得科学家去加以研究，而且，他横跨科研学术与广告营销两大领域，为市场调研技术的发展打开了新世界的大门。在心理治疗领域中，为了消除恐惧症和害怕，所使用的方法仍属于行为主义的范畴，其中的佼佼者包括“系统脱敏疗法”等，时至今日依然影响深远。

于我而言

世上是否有一种特殊的气味，能够让你回想起人生中的某段时光，或者甚至会诱发出你在那段时间中所感受到

的情绪？那可能是某款香水的芬芳，也可能是某种食物的甘甜，又或者可能是燃烧的木柴发出的刺鼻的味道，能够令你回想起祖父祖母用过的大肚火炉，想起你对他们的浓浓爱意。你对这些刺激的反应，既非与生俱来，亦非自然而然出现。相反，随着时间累积，你反复感受到了这些刺激，并将它们与特定的情绪状态——爱、舒适或者激动——联系起来，久而久之，即便时间已过去数年之久，单靠这些刺激仍然能够诱发出你当时的情绪状态。同样的道理，音乐也能够产生情感上的冲击。或许我们的身体结构本身就会对音乐有所反应，但是，那些最能够打动我们心弦的旋律，之所以如此令人痴醉，很可能是由于我们在长时间聆听它们的同时，发生了一系列情绪条件反射。

当然，华生相信，除了令人愉悦的情绪之外，负面情绪，尤其是恐惧，同样在日常生活中的条件反射过程里发挥着重要作用。你是否曾经对某件事物感到毛骨悚然却不知道原因何在呢？举个例子，在废弃的停车场里，一辆毁坏的、没有窗子的小货车，会让人感到害怕。但是这种害怕并非与生俱来的，而是因为作为一种刺激，它通常跟恐怖电影的场景和家长的警告联系在一起，经年累月，轻而易举地就能够诱发出你体内的条件反应。

自从约翰·B. 华生进入广告业以来，广告业从业者变得更加老练成熟。电视广告似乎在说，如果你使用了某款产品，你就会更加性感迷人，更加受人欢迎，或者更加富有。当然了，广告商是不会明确地做出承诺的，他们真正的目的在于，随着产品反复与上述情感建立起联系，消费者同样会将产品与上述期望结合起来，然后，将金钱花费在满足自己内心最深处的不安全感之上。

爱德华 · 桑代克
Edward Thorndike

生于1874年，出生地：马萨诸塞州，威廉姆斯伯格。
卒于1949年，逝世地：纽约州，蒙特罗斯。
毕业于卫斯理大学、哈佛大学和哥伦比亚大学。

核心思想

爱德华 · 桑代克的**“效果律”**是他最具代表性的观点，简而言之，这是行为主义的观点。它指出，相对于那些引发不愉快反应的行为而言，引发愉快反应的行为重复出现的可能性更高，这成为后世条件反射理论的基本原则。桑代克还进一步完善了这一理念，他认为：相对于“使用惩罚去消除不希望得到的反馈”而言，“使用奖赏强化一个行为”更加有效。

桑代克还提出了**“使用律”**和**“失用律”**的概念。前者指的是一个刺激和一个反应之间相互联结的频率越高，那么两者之间的联结也就越为根深蒂固。后者恰恰相反，指的是一个刺激和一个反应之间失去联结的间隔越长，则两者之间的联结也就越松散。桑代克在巴甫洛夫提出的经典条件反射理论的基础之上，进一步深入挖掘了“学习”这一概念。事实上，我们完全可以称他为史上首位教育心理学家。与之前的行为主义先驱一样，桑代克也是一名经验主义者，他最感兴趣的就是测量，以及将自己的研究结果进行量化。

桑代克将自己的核心理论命名为**“联结主义”**，将条件反射的原则应用于学习领域。该理论指出：学习常常是一个刺激和一个反应之间联结的结果。桑代克的研究成果还改变了阅读和拼写的教授方式。他收集了不同的教学课本，分析了其中的词语频率，据此，他编纂了专门针对儿童学习使用的词典。他的基本理由在于，只要将注意力集中在那些最常见的词语上，忽略不那么常见的词语，则学习效果将会得到提升。站在今时今日回顾过去，在桑代克之前居然没有人去尝试如此理性、如此实用的方法，的确让人吃惊，但是，如果没有桑代克孜孜不倦地在数据和教育的十字路口勤奋探索，那么这一改变或许永远不会出现。

桑代克还创制了很多量表，用于衡量儿童在诸多领域的发展程度，包括数学和书写能力等，这又进一步促使他开发出了多套智力测验。他也率先提出了“智力包含多个方面”这一先进理念——也就是说一个人可能在某一方面很强，但在另一方面却不尽然；或者某人可能擅长高等微积分，但是却缺乏空间能力，不知道怎样找到重回高速公路的路径。

还有一个概念应该归功于桑代克的研究，那就是**“试错法”**。这是他在研究猫如何学会通过踩压踏板逃出一个封闭环境的过程中发现的。在猫努力进行逃脱的过程中，它们会不停犯错，但是随着实验进行，它们所犯的错误将越来越少。桑代克的关键性发现是，反复多次的试错法，是学习过程的必要组成部分。

被试在完成某些任务的过程中会体现出**学习曲线**的模式，他们的绩效会逐渐得到提升，错误则渐渐减少，只不过错误无法立即被全部消除。假如被试突然顿悟，错误完全被消除，那么学习曲线将显示被试的能力陡然上升，可惜，事实上，典型的学习曲线体现为一个倾斜的逐渐向上的过程。正因如此，在现代社会，很多人对*“学习曲线”*这一短语的使用，实际上是大错特错的。很多人将陡峭的学习曲线理解为某件事在起始阶段很难学习，实际上，这一曲线的真实含义是绩效的进步十分迅速而且容易。需要着重指出的是，学习曲线代表的是绩效的提升，而不是任务的困难程度。

关键实验

爱德华·桑代克使用动物实验构建了自己后续提出的诸多学习理论，他自创的迷笼对于他的很多理论发现功不可没。动物可以从笼子里看到笼子外侧有木制板条，只有采取特定方式才能逃出笼子——通常是使用踏板，桑代克在以猫为对象的实验中即使用了这种机关。（与其他的迷笼不同，这种逃离方式的机关设置在了笼子内部，所以可以测试多种动物，而不再仅仅局限于猴子，因为只有猴子才能使用双手探出笼子解锁。桑代克对迷笼做过多次改动，以便于对鸡、狗，甚至是鱼进行实验。）

典型的实验程序是，一只猫，被关在迷笼里，非常恼怒，首先它会四处撒泼，让自己的不开心人尽皆知。猫在平时自然是很可爱的，此时则不是十分讨人喜欢。尤其是当食物放置在笼子外，且猫能够径直看到时，它的反应立时变本加厉。某些时候，猫会不经意间碰到踏板，这一行为带来了意外惊喜：笼子的门居然猛地敞开了。当然了，随着之后不断进行练习，猫踩压踏板的速度会越来越快，直到

> 最后达到最快的速度。它们无法毫无止境地提升速度，最终的表现会固定在某一特定水平之上。尽管不同动物之间的速度各有不同，但是其逐步提升的模式却是大体相似的。诚如我们所知，桑代克将这种绩效不断提升的模式称作学习曲线，他的研究结果表明，不同的动物都会呈现出这一特征，其中自然也包含了人类。

重要影响

桑代克的研究成果为关于“学习”的研究奠定了坚实基础，并且也构成了整个教育心理学领域的研究基础。他的理论还直接促使条件反射理论进一步发展，并且对B. F. 斯金纳也产生了直接的影响，斯金纳的操作性条件反射理论恰恰是联结主义的发展。

于我而言

你是否曾经在看着自己子女的成绩单时，会想究竟是使用了什么方法来量化他的学习情况呢？虽然当前关于标准化测验的争论已经日趋白热化，但是，桑代克的很多观点，包括“学习如同其他任何行为一样，能够被测量和评估”，以及“可以比较不同的教学技巧，从而判断哪一种教学技巧能够使学生成绩更加优异”，都是非常具有革命性的观点，时至今日仍然是制定教育标准的重要根基。并且，不妨深思一下，在考察你的孩子的学习成绩时，至少我们还有标准可以依赖，这难道不令人感到欣慰吗？假设说，如果你的子女的老师没有办法在批改数学试卷和读书报告时打出精准而可量化的分数，无法评定为优、良、及格、差四等，那么分数又有什么实在的含义呢？

或许你觉得“熟能生巧”是一件理所当然之事，但是你真的思考过其中的机制和原理是什么吗？真正的原因，并非单纯的重复，而是试错法。桑代克在他的理论中就对二者的区别进行了详细阐释和着重强调。譬如说，你正在练习一篇非常复杂的钢琴乐章。你知道，自己练习得越多，就会更加熟练。原因在于，每次练习时，你都会犯错——有些是大错、有些是小错，每犯一次错误，你都会了解到自己究竟在哪里容易出错，然后有针对性地加以纠正。

让我们进一步思考你是如何学习的。或许，你现在已经会通过互联网去掌握一项新技能了——譬如为你妹妹的婚礼制作一百只折纸鹤、自行安装垃圾处理器，或者制作一个完美的煎蛋卷等。你可能会选择登录YouTube视频网站，因为该网站已经令教学方式发生了革命性的变化，截至目前，不同用户已经上传了数以百万计的分步骤的教学视频。那么，使用视频最有效的方式是什么呢？是从头到尾地观看一次，然后合上笔记本电脑，随之期望一切自然而然出现；抑或一边观看视频一边学习，反复开始和停止，同时自己进行实际操作呢？你或许已经注意到，即便在看完一遍视频之后，一般人都会觉得自己完全掌握了这门知识，但实际上第二种方法显然是更加有效的。为什么？这个问题甚至连孩童也能回答出来：我们应该在“做”中学，而不能仅仅在“看”中学。想要完全掌握一项技能、养成一种习惯，更好的方法，是要亲身加以实践，同时在不断试错中强化自己的技能水平；如果只是观看其他人操作，就无法亲身“经历”学习曲线。

桑代克提出的联结主义同时也为学习的动机提供了合理的解释。我们知道，在他的理论中，刺激与反应之间的联系必须要维持在十分

紧密的状态下，而且，一个引发令人愉快的反应的刺激，相对于一个引发令人不愉快的反应的刺激而言，获得重复的可能性更高。现在，请试想，你在帮助自己的孩子学习乘法口诀表。当孩子终于给出了一个正确答案时，你是否会热烈鼓掌，予以表扬，和她击掌相庆呢？又或者，你是否会抱怨道“好吧，你可算答对了”？后者会对学习产生消极的影响，而联结主义告诉我们，通过表扬，正确的答案将会更多地出现。学龄前儿童在因为正确的言行而受到表扬之后，将会变得更加优秀；而他们如果因为没有完成某一任务而受到批评，则可能一蹶不振。任何认识到以上内容的人，可以说都亲眼见证了桑代克理论所发挥的实际作用。

B. F. 斯金纳
B. F. Skinner

生于1904年，出生地：宾夕法尼亚州，萨斯奎汉纳。
卒于1990年，逝世地：马萨诸塞州，剑桥市。
毕业于汉密尔顿学院和哈佛大学。

核心思想

让激进行为主义进一步“激进”的学者是B. F. 斯金纳。他认为，一个有机体的个体心理无法解释行为，我们的行为仅仅是对于外部环境刺激的反应。对于斯金纳而言，基因之所以重要，只是由于它们令人类拥有了能够学习不同行为的生理基础。

斯金纳在伊万·巴甫洛夫的经典性条件反射的基础之上，提出了“*操作性条件反射*”。斯金纳指出，巴甫洛夫的条件反射能够让狗做好进食的准备，但是他所提出的条件反射则能够促使狗去寻找食物。他使用了自制的迷笼，后来被称作“*斯金纳箱*”，他对实验程序进行了精细化和标准化，并且向世界表明，动物踩踏杠杆的行为与唾液分泌反射一样是有形且可测量的，由此一系列全新的研究诞生了。

斯金纳之所以使用“*操作性条件反射*”这一术语，是因为这些行为是为了产生结果而作用于环境的行为。他认为，正是这些结果决定了某一行为是否还会出现。当然，此观点与爱德华·桑代克的联结主义有着异曲同工之妙。

但是斯金纳最具开创性的贡献在于他所谓的**“强化程式”**，而且他通过实验证明，强化程式对于条件反射的效力高低具有决定性作用。他发现，反应与奖赏之间的搭配模式能够大幅影响联结的强度。你可以训练一只动物学会踩踏杠杆从而获得食物，甚至不需要每一次踩踏杠杆都出现食物。事实上，在呈现食物方面，某些强化程式可以使动物更有可能踩踏杠杆，并且持续这一行为。

斯金纳与行为主义心理学家查尔斯·费斯特（Charles Ferster）提出了三种主要的强化程式：

- 连续强化：比较适用于在一个行为和一个奖赏之间建立联系的初期。具体而言，只要一个行为出现，那么就给予一个强化物或者激励性奖赏。
- 间时强化：在某一特定类型的行为出现之后，间隔一段时间，方给予奖赏，不管该行为出现了多少次。
- 比率强化：在某一特定类型的行为出现特定次数之后，方给予奖赏，不管这一行为经过了多长时间。

除此之外，还有两种描述性的强化程式：

- 固定的强化程式，指的是强化物的给予方式是按部就班、可以预测的。
- 变化的强化程式，诚如其名，指的是强化物的给予方式会随时间而改变，并且无法预测。

譬如说，如果你的工资每两周发放一次，不论你是否曾经请过假，那么这种强化程式就属于固定的**间时强化**，因为工资的发放间隔是固定的。但是，假设你只有每做成三单生意，才能获得固定金额的奖金，完全没有基本工资，那么这就属于**比率强化**，因为只有在你做成一单生意这一行为出现三次之后，你才能拿到工资。作为一名靠工资为生的人，变化的间时强化程序会让你感到十分苦恼。固然，每隔一段时间你都会拿到工资，但是每次发放工资的时间间隔不一样，而且不可预测。变化的比率强化同样令人沮丧，你只有在工作中将某一行为重复一定次数之后，才能拿到奖金，但是，每次奖金发放所需要重复行为的次数则是不同的。

斯金纳发现，整体而言，比率强化诱发行为的效果更好，因为它能够使得行为与强化物之间的联系得到促进，你可以非常迅速而且明确地看到从事某一行为可以导致强化物出现。而且，变化的强化程式诱发的行为，更加难以消减，或者说难以戒掉。这是因为你永远无法确定究竟奖赏会在什么时候出现，你可能会想：*为什么现在就戒掉呢？*

这里必须要指出，“*负强化*”这一术语的意思与很多人头脑中所认为的并不一致；它并不意味着移除一个令人不愉悦的结果，而是移除一个刺激。所以，虽然很多人将“正强化”等同于奖赏、将“负强化”等同于惩罚，然而事实并非如此。在条件反射模型中，衡量“正”和“负”的唯一标准就是刺激的呈现或者消除。当然了，惩罚会使得行为获得重复的可能性降低，而强化会使得行为获得重复的可能性提高。惩罚和强化可以为“正”，也可以为“负”，这取决于刺激是呈现还是消失。

斯金纳还证实了**“行为的塑造”**现象的存在：如果某人的行为接近于理想目标行为，你相应地予以强化，通过这样的方式，你就可以让他的行为越来越接近你所希望的。其中最著名的案例，或许就是斯金纳所展示的会弹钢琴的猫，能打乒乓球的鸟，以及会操作使用吸尘器进行清洁的猪。斯金纳甚至还曾经同美国军方合作，训练鸽子引导炸弹，并且取得了一些进展，只不过支持该项目的资金最终消耗殆尽了。

在职业生涯后期，斯金纳将自己的行为主义者信条和乌托邦理念结合起来，撰写了小说《瓦尔登湖第二》（*Walden Two*），其书名来自亨利·戴维·梭罗（Henry David Thoreau）的著作《瓦尔登湖》（*Walden*），梭罗在该书中描写了一种个人生活在大自然当中、身边的环境极其简单而且完全自给自足的状态。在斯金纳小说中所构建的乌托邦版本里，一群人形成了一个集体，每一个人都可以投身于工作、兴趣爱好和艺术当中。行为主义者的信条，当然是集体中的任何人都没有自由的意志，或者说甚至不存在过多真正的自由，因为集体成员应该根据集体环境对他们所进行的强化而相应地采取行动。斯金纳还给该小说拟写了副标题，《超越自由与尊严》（*Beyond Freedom and Dignity*），这听起来可以说与乌托邦似乎毫无关系了，但是在斯金纳所提出的假设中，人类的每一名个体都应该竭尽所能地去使自身行为的社会效益最大化。

最后，斯金纳还强调，语言习得与其他任何行为之间都不存在质的差异，和其他任何事物一样，语言也是通过重复和强化进行学习。这成为激进行为主义的另一个信条，最终带来了巨大的争论和异议。

重要影响

斯金纳巩固并且革新了行为主义，使其成为塑造二十世纪中期思想界的一股力量。他的强化程式和操作性条件反射模型也推动了心理治疗方法的发展，治疗病症涵盖了从强迫症到药物滥用等多种障碍。

斯金纳的行为主义者观点与诺姆·乔姆斯基的先天论争论不休，饱受关注，两人针对语言习得所提出的理论针锋相对、互不相让。

于我而言

可以说，斯金纳的强化程式构成了人类行为与动机的基础，从工作生活，到儿童管教，再到投机赌博的一切事物。

首先以老虎机为例。你可能知道，总体而言，自己对抗这个“一只手恶棍”的胜率，从数据上来看是必输无疑的——赌场可不是什么热心肠又宽容大度的组织。即便如此，还是有很多很多人一遍又一遍把钱浪费在老虎机里，即便每一次都输也依然如此。这是为什么呢?

答案即在于斯金纳的变化的强化程式里。这种程式所强化的行为最难以消除，正因如此，每次光顾拉斯维加斯，你都会跃跃欲试；也正因如此，你很难知道自己应该何时弃牌。你知道老虎机某些时候会吐钱，而且有些时候会吐出一笔很大数目的钱。而且，老虎机是否吐钱并不取决于具体时间，而是其快速转动的次数。噢，当你知道自己再转一次，可能整台老虎机就会铃声大作，灯光闪烁，口哨声四起，然后吐出一大笔钱时，是多么难以挪动脚步啊!

变化的强化程式还可以部分解释为什么我们很多人如此着迷于自己的智能手机。毕竟，如果你不断地翻页，查找，不停地刷新，你可能就在某些时候发现十分有趣的内容。或许你已经不安地发现，自己有时候几乎是无意识就拿起手机，并且在没有手机时是多少有点不自在的。这是因为，你感到自己必须要浏览更新信息，或者，至少，听到更新时那“叮”的一声提示音就好。这是一种变化的比率强化——

只要把玩手机一段时间之后，就能收获快乐，但你永远不知道要玩多久才能找到让自己十分感兴趣的东西。你知道，“叮”的一声，或许只是餐厅发来的一封垃圾邮件，而这餐厅是因为你当时想要领取一份免费的小食才获得你的电子邮件地址的。但这一声也可能是来自一位老朋友的讯息，可能是老板发过来的一句“工作完成得漂亮”，还可能是妹妹给你发来的一个有趣的故事。正因如此，你才继续玩手机，而且这一个行为非常难以戒除。

让我们再思考一下工作的动力。你是否曾经开过博客，尽管刚开始时雄心壮志，几个月之后却意兴阑珊呢？你可能会责怪自己太不自律了。相对于工作而言，你更

喜欢写博客，你可能还曾经拥有过建立一个博客帝国的野心，幻想过自己最终辞掉工作，成为一名全职博客写手。可惜，你却无法坚持自己的时间安排。其中的原因，可能是撰写博客并没有什么有形的强化物。你非常喜欢“写博客”这个宏观理念，而且你也知道必须要通过时间积累起读者群，但是，每一篇单独的博文都没有产生什么具体的结果，所以，撰写博文也就失去了直接的强化物。除了写作带来的模糊的良好感觉，你根本就没有强化程式。并且，如果只是艾德娜阿姨曾经阅读过你的博客，那也不足以支撑你继续坚持下去。与之相反，你的日常工作，每两周都会为你带来收入，从无意外，而且如果你突然停止上班，那么薪水最终也会完全消失。正因如此，上班这一行为，要比为博客撰文这一行为更加地持久。

对于很多人来说，儿童管教，很关键的方面是行为强化。当你尽力劝说小朋友不要在百货商场的地板上躺着不起来、大吵大闹时，有什么有效的方式呢？“暂停”① 是一种经典的负惩罚——再强调一次，这并不是因为该方法实质上呈现了不愉快的刺激，而是因为它移除了积极的刺激。家长不再给予孩子奖励了：在暂停时间结束之前，孩子不能再玩耍，家长不会再理会孩子，而且也不允许孩子四处走动或者去玩别的东西。当然，对于大多数孩子而言，绝对会感觉到不愉快的刺激出现——兄弟姐妹们玩耍的声音传过来，自己却不能参与进去，简直让人眼泪会无法抑制地流下来。不过，作为家长，你之所以让孩

① 美国心理学家亚瑟·斯塔斯（Arthur Staats）提出的教育理念，指的是当孩子的行为不得体时，让他从原来的活动或环境中暂时脱离出来，独自一个人待着或者去一个没有娱乐的地方，等暂停时间结束后，再让孩子回来。——译者注

子“暂停”，目的是消除那些被你看到，并且你不希望再次出现的行为，所以你希望将这些行为与奖赏之间存在的任何联系都切割开来。

用贴纸奖励孩子，对狗狗进行响片训练，代币制，这些从本质上来看都是斯金纳式的概念。事实上，它们已经成了我们调动他人积极性的基础工具，以至于大家已不再去深思其中所蕴含的心理学机制了，也不再去回想我们究竟想在哪些行为及其强化方式之间建立起联系。

心理治疗学

当你听到“心理学家”这个词语时，首先映入你脑海当中的，很可能不会是一个出现在实验室中穿着白大褂的研究人员，更大概率的是一名面相和蔼的男人或者女人，坐在一张舒适的椅子上，同时也提示你坐下，满怀期待地注视着你，主动地去倾听那些困扰着你的难题。最终，心理学和心理学家的目标都是要去帮助他人。而且，即便是心理学研究也总是将以下问题铭记于心：研究的结果怎样才能帮助到现实世界当中的人，并且，这些结果如何能够去除人类的情绪痛苦，同时激励着人们去过上尽可能最为充实、最为健康的生活？

心理治疗的先驱们最先推动了上述目标的实现。心理治疗师，从定义上而言，是该领域的从业人员，他们将理论付诸实践，并且直接与人进行沟通，以便帮助他们理解自己。通过理论、研究和实践，他们开发出了诸多干预手段和技术，以帮助来访者克服情绪压力，并且以更加健康、更加合理的方式与他人、与整个世界和谐共处。他们协助来访者克服毫无益处的或者不正常的想法，在他们体内，一部分是魔鬼的代言人，一部分是哲学家，一部分是啦啦队员，另外，最重要的，是优秀的倾听者和解读者。

心理治疗师拥有特权——能够进入到另外一个人最深层次的情绪运转之中，这同时也是极大的责任。与他们同处一室的，是那些受到困扰的人们，有时甚至是重症患者。而他们则肩负着重要的任务：要向世人证明，所有的心理学研究都的确不可或缺。在与另外一个人面对面时，他们能够令对方的人生出现改变吗？下文所述的心理治疗师们就的确做到了，而且，他们还在这一过程中改变了整个心理学领域。

西格蒙德·弗洛伊德

Sigmund Freud

生于1856年，出生地：奥地利帝国，摩拉维亚。

卒于1939年，逝世地：英国，伦敦。

毕业于维也纳大学。

核心思想

在当代文化中，没有哪个名字比“西格蒙德·弗洛伊德”与心理学领域联系得更为紧密了。弗洛伊德关于人类心理的理论已经不可分割地融入到我们的语言、文化信仰、我们对于自身作为人类的理解之中。在描绘我们行为背后的心理力量时，弗洛伊德洋洋洒洒，常常文辞优美。虽然他的某些理论完全令人困惑不解，很多观点也缺乏系统性的实证详查，但他仍然提出了很多直击人类本质要害的观点，并且将我们文化对于人类心灵的看法彻底革新。此外，这些理念还推动着心理学去探索那些先前从未涉及过的研究方式。

弗洛伊德对于心理学最为重要的贡献，就是他对于**“无意识心理”**在行为中所起的重要作用做了激情四溢的阐释。他所谓的“无意识”，指的是运行在意识之下的想法与感受。在《日常生活的心理分析》（*The Psychopathology of Everyday Life*，1901年出版）一书中，弗洛伊德提供了无意识心理的详细证据：他对口误甚至是笔误的观察。具体而言，人们有时候会误将本来要说的一个词用另外一个词代替，而这个脱口而出的词恰恰能够揭示出他们更多的真实感受——尽管有时候令人感到十分尴尬。

弗洛伊德认为，我们有时候能够感受到自己无意识心理的出现，譬如，当有些话就在嘴边时。我们没法说出自己想要说的词语，但是我们知道它存在于我们的意识之外。在这样的时刻，我们知觉到的究竟是什么呢？弗洛伊德认为，这就是无时不在的无意识，它们永远逼近我们的意识边缘，但是我们会尽可能地将它们推远，压制住它们，以免自身感觉到痛苦或者不适。

弗洛伊德的理论中同时整合了无意识和意识。他认为，在我们的心灵中存在着对立的力量，他分别称之为**“本我”**和**“超我”**。本我由生理结构决定的动物性欲望所组成；弗洛伊德全心全意地相信，人类的本质，在最为赤裸的条件下，即如同寻常野兽一样原始，其中包含着诸如欲望、攻击性、饥饿和口渴等元素。与之相比，超我，则是所有价值观、规则和期望的内化产物，它们来自我们所生活的社会、文化和具体的家庭：*不要拿着剪刀乱跑！不要用拳头猛打你的朋友！不要再吃奶油点心，都吃了六碗了！*理所当然的，本我和超我持续不断地相互碰撞。想象一下，一侧肩膀上站着一只恶魔，另一侧肩膀上则站着一名天使，两者冲突不断——而那个始终从中协调并且裁判琐碎冲突的可怜实体，则称为“自我”。弗洛伊德认为，自我就是本质上的你，而且它存在于你的意识之中，这一点与本我和超我不同，这两者潜藏在无意识之中。

这些漫长持久的战斗会导致苦恼和不安出现，令人类不胜其扰。每次冲突，都会带来焦虑，弗洛伊德提出，这时候，**防御机制**就会发挥作用。弗洛伊德相信，所谓的防御机制包括若干想法与行为，会在本我和超我之间发生冲突时迅速出现，以期达到缓和之目的。他列举出了诸多防御机制，包括简单的“否认”（“我并没有生气。我为什么要生气呢，就因为你忘了去机场接我吗？这不是什么大事儿啊。”），以及“投射”，也就是我们将自己的感觉归到其他人身上，为了确信我们自己并没有这种感觉（譬如，我们冲某人大叫，让他冷静下来）。还有“合理化”：“为什么我要在凌晨三点开车到我前男友的房子这里来呢？我当时都没有意识到自己居然这样做了。当时我只不过是必须要把车子的油加满，这家汽油站虽然离我家有十六英里远，离前男友家很近，但是油价最便宜。”还有“压抑”：“我完全不记得我爸曾经殴打过我了。显然，他应该是打过我的，而且他比较暴力，但我确实是不确定之前究竟发生过哪些事了。”

弗洛伊德相信，我们的无意识心理还会渗透进每一个人的梦境当中。当今的理论认为，在睡眠过程中，我们的大脑会倾倒神经垃圾，摆脱掉毒素和垃圾，这些都是日间认知活动所产生的副产品。而当我们看某个人的垃圾桶里有什么时，确实能够对他的生活有些许了解。

弗洛伊德还针对人类发展的本质提出了一些真知灼见。他提出了五个**性心理发展阶段**，并且认为我们每一个人都会经历这几个阶段，它们会在人类的早年生活自然浮现。绝大多数心理学家已经不会再从字面上理解这五个阶段了，但是，“不同的发展阶段在本质上有所差异”这一理念却经受住了时间的考验。而且，弗洛伊德还提出，童年早期发生的事情，将会对后续发展产生永久性的作用，并且会持续影响成年期的人格、情绪以及行为，在这一点上，弗洛伊德正中要害。

弗洛伊德的性心理发展阶段的前两个阶段，*“口唇期”*和*“肛门期”*，已经深深根植于我们的文化之中。口唇期从出生开始，大概持续到两岁，婴儿会本能地希望将所有东西都放进嘴里，因为他们感觉只有这样才能最好地感知环境，而且他们时刻准备被喂食。肛门期阶段，所有的注意力则转移到了如厕训练上。弗洛伊德的理论认为，如果任何阶段出现了问题，都会对个体的心理健康产生持续性的负面影响。譬如说，一个婴儿或者是被过度喂养，或者营养不够。按照弗洛伊德的观点，这种口唇期的混乱将会导致个体后期出现**“固着”**[①]，余生都会受其影响。与之相类似，如厕训练时，抚养人如果过于严厉或者过于放纵，也会产生肛门期的固着。

弗洛伊德的某些思想是非常具有贬低性的，尤其是对于妇女而言，更为如此。譬如，他认为女性会无意识地产生阴茎嫉妒。他所提出的**“俄狄浦斯情结”**理论，根据希腊神话中的人物命名。该理论认为，男孩暗自对母亲怀有情欲，由此希望弑杀父亲，以期独享母亲的肉体。尽管这些理论很难说具有进步性，但是必须指出的是，弗洛伊德认为，虽然同性恋可能与早期发展阶段的混乱存在关系，但却“完全没必要因此而感到羞耻”，这个观点与同时代的其他人完全不同。

最后，弗洛伊德对于心理治疗的影响，可谓其最为荣耀的成就之一。他率先提出了精神分析疗法，这是现代社会第一个系统性的心理治疗方法。该法着重强调病人与咨询师之间的关系，提出了“移情”

---

① 根据弗洛伊德的理论，如果在性心理发展的某个阶段得到过分的满足或者受到挫折会导致固着，固着将导致无法正常地进入性心理发展的下一个阶段。固着在心理学上，是指一种对刺激的保持程度，或不断重复的一种心理模式和思维特征。——编者注

这一概念，认为患者会将一些无意识的感觉转移到咨询师身上，由此重演了在咨询室之外的生活中的其他人际关系。这为精神分析师提供了一个帮助病人痊愈的机会。虽然目前精神分析学的绝大部分已经被更加现代、在实证层面上已获证明的疗法所取代，譬如认知行为疗法等，但是它仍然拥有大量的拥护者，在近期的研究中，甚至出现了高涨的趋势。并且，该理论的前提——与客观的专业人士交谈，能够帮助自己一窥无意识心理，疗愈压力，并且过上更加健康的生活——构成了当今谈话疗法的根基。

重要影响

由弗洛伊德的理念和实践诞生出了精神分析学。数十年来，精神分析学都是心理治疗的黄金标准，也由此产生了诸多不同的子类型。弗洛伊德对于无意识的关注，直接影响到了心理学的若干领域，他十分强调“我们所知觉到的”和“我们所未知觉到的”之间的差异，这是前代未闻之事。弗洛伊德的理论还对后世学界的观点产生了直接影响，譬如卡尔·荣格的**集体无意识**理论，卡伦·霍妮关于**神经症**的观点，以及爱利克·埃里克森关于发展的理论。

于我而言

你是否在生活的某些特定阶段会反复出现同样的梦境呢——譬如当你生病时，当你感到工作效率极高时，当你担心父母的身体健康情况时，又或者当你与伴侣发生激烈争吵时？梦境本身可能看似完全随机甚至是怪异的（你重新回到了高中，走过了一个长长的走廊，却没有办法找到自己的储物柜），但它在你生活的特定时期反反复复出现，则清楚地表明它具备一些潜在的内涵。你很有可能正在面对自身的恐惧、期望或者冲动。

你是否还有一些朋友不论什么东西都拿来咀嚼，烟瘾极大而无法戒除，并且从儿童期到青春期都咬指甲呢？弗洛伊德的追随者会说，这显然是一名口唇期固着的案例。弗洛伊德自己也会认为，这可能是因为在这位朋友的婴儿时期，她的妈妈对喂食的安排十分严格，所以，她表现出发展上的停滞，即继续寻求口唇刺激。

英文*“肛门”*一词已经逐渐成为*“肛门滞留人格”*的简写，它是肛门期固着的一种子类型，个体倾向于体现出强迫性的执拗，完美主义，条理性，整洁性。弗洛伊德对此的解释是，个体如果在肛门期出现问题，那么在将来的生活中必然会过于僵化，譬如，个体如果在如厕训练阶段总是需要抑制肠胃的蠕动，那么他们会持续性地感到焦虑，无法完全放松。（肛门排出型人格，一般是由于在如厕阶段毫无纪律或者条理，主要体现为混乱和无序，甚至还会表现出攻击性的冲动和情绪爆发。）

你可能非常了解自己的防御机制——可以保证的是，至少你的爱人绝对是非常了解它们的。在处理情绪压力时，你是否坚定不移地勇敢面对问题，从不谈论自己的感受，并且在所有人面前假装自己一切都好呢？你可能习惯于否定自己的情绪，又甚至压抑自己的压力，因为你的超我在某刻认定，你必须要不断向前进发，不要深陷在感情的沼泽里，而你的自我也认同了这一观点。具体来说，就是伴随着你成长过程不断接收到的那些信息：*“懂事的女孩子（或者男孩子）才不*

*会哭哭啼啼！”“别这么娇气！”“克服掉困难然后继续正常生活！”*但是，你可能已经注意到了，感受即便被掩埋，却不会自然消退。事实上，它们会卷土重来，不断地侵扰你，具体表现即为情绪爆发或者噩梦连连。

当你在工作当中遇到压力时，你可能非常喜欢对自己的配偶或者孩子大吼大叫。你的亲朋好友其实什么也没做，只不过恰巧在你对自己的老板怒火冲天时出现在你身边而已。可是，只要他们犯了一点小错误——有时甚至只是把袜子放在地板上这种无关紧要的小事，都会招来你的一通怒吼。弗洛伊德将此种防御机制称为“转移”。超我坚定地认为，向老板大喊大叫是不可接受的，但是你内心当中的郁结又很深，必须寻找一个发泄口。所以，自我告诉你，将所有的怒火迁移到一个更加安全、更加可以接受的客体上——无法将你解雇的配偶或者子女。

在电影《泰坦尼克号》著名的裸露场景中，演员莱昂纳多·迪卡普里奥对凯特·温斯莱特失口说道：“那边，到床上——呃，沙发上！”在那样一个情欲弥漫的场景下，弗洛伊德式的潜台词呼之欲出。好莱坞内部传闻，该片导演詹姆斯·卡梅隆认为这一口误十分贴近真实生活，因此将其保留在了最后的成片当中。

卡尔·荣格
Carl Jung

生于1875年，出生地：瑞士，图尔高。
卒于1961年，逝世地：瑞士，苏黎世。
毕业于巴塞尔大学。

核心思想

卡尔·荣格（Carl Jung，姓氏在英文中的发音与“Yoong”相同）最广为人知的贡献，是在继承弗洛伊德思想的同时，赋予了其更加温和、更加积极甚而更加具有精神性的内涵，而且，他还提出了自己关于人格本质的理论。从很多层面来看，荣格都是一位特立独行的人物，最为人所津津乐道的，是他一方面对自然科学深感兴趣，另一方面又对神秘主义念念不忘。当弗洛伊德的研究成果在学术界渐现颓势时，他所做的“字词联想”研究支持了弗洛伊德所提出的压抑和无意识理论。荣格对弗洛伊德的支持是坚定不移且意味深长的，弗洛伊德也曾经希冀荣格能够接下精神分析运动的大旗，荣格更是将弗洛伊德视作父亲。很可惜，最终二人决裂，很多人将他们的决裂归因于弗洛伊德对于“婴幼儿性心理”过于关注，相对而言忽略了荣格针对无意识所提出的全新观点。

荣格拓宽了无意识这一概念，并且使用更具人类学的视角对其加以探讨。他所提出的集体无意识概念融合了他的一些神秘主义理念，他将其定义为每一个人类个体的心理基础。对荣格而言，集体无意识是一个普适的概念，它是一个“宝藏”，包含着我们祖先的希望、冲动和恐惧，代代相传。荣格认为，我们能够在不同时代、不同文化中反复出现的神话和民间传说之中，看到集体无意识的影子。宗教在其中亦占有一席之地。荣格将**“原型”**定义为我们自我的版本，存在于集体无意识中，在心理层面上与“本能”作用相当，以我们意识之外的方式指引着我们的欲望和行为。

荣格将**“人格面具”**定义为个体在社会当中所承担的角色——身份的外在表现。而**“阴影”**则是人类的无意识，其中可能蕴藏着人类的动物性本质。对荣格来说，**“自我”**是整合一切事物的原型，其终极目标是个性化，并获得完全的实现。

荣格在构建理论时，对心理能量更感兴趣，而不是性的驱动。他希望重新定义*“力比多”*[①]这一术语，不再将其视为本我的能量——性与生存的冲动，而是能让我们在心理上获得满足的一个概念。于是，荣格提出了**“内倾型”**和**“外倾型”**的概念，这两个概念是关于人是如何受到驱动的，为了感到满足和拥有能量，是倾向于寻求与他人共处，还是独自自处。

大众普遍存在的误解是，内倾型人就是聚会当中紧张的“壁花”[②]，而外倾型人则会坐在桌子旁边纵情欢笑。事实上，*内倾型*和*外倾型*的定义并不对应于害羞或者社交焦虑的程度。相反，在荣格看来，这两

---

① 力比多由弗洛伊德提出，指性力。这里的性不是指生殖意义上的性，而是泛指一切身体器官的快感，弗洛依德认为，力比多是一种本能，是一种力量，是人的心理现象发生的驱动力。——编者注

② 口语中指舞会上没有舞伴而独坐之人。——译者注

个概念关注的是一个人是更加趋向于内在世界抑或外部世界。你从何处获得自己的能量？与他人共处会让你活力四射还是筋疲力尽？如果你能够自由地谋划一日生活，你会安排大量的人际互动还是宁愿独自一人静静思考、阅读一本好书？内倾型人享受想法与理念的内在思考过程，注重自省和自我充实。与之相比，外倾型人则乐于与人共处，并且更加关注外部。对于大多数人而言，在内倾或者外倾之中必受一端支配，但是，当前一种新兴的观点认为，还有很多人处于中部，或者称之为*“中间性格者”*。

荣格还定义了四种他所称的*“心理功能”*：思考、感受、感觉和直觉。我们通过感觉和直觉感知世界，然后在决策过程中会使用思考和感受。

至于异性之间的关系，这一主题也贯穿于荣格的研究当中。荣格提出，**“阿尼玛”**即男人身上具有的女性基本特质，**“阿尼姆斯”**则是女人身上具有的男性基本特质。上述理念代表着互相对立的人格力量，它们存在于我们体内，为我们提供了反叛的视角，并且将我们塑造成

了今日之自己。荣格还将东方的艺术图形曼陀罗介绍到西方文化中，他甚至会让他的病人画曼陀罗，作为表现自我的一种练习。荣格认为，曼陀罗代表着完整的自我，它能够将心灵和集体无意识中相互对立的全体组成部分

调动出来，他从中找到了“抚慰”这一概念——从混乱中恢复秩序从而使紧张情绪得到释放。一个中心部分存在于圆圈当中，从圆圈开始，所有事物得以辐射，同时又将所有部分与整体联系起来，这一概念深深吸引着荣格。

“共时性”也是荣格学派的概念，它与某些时刻神秘的“巧合”相关。荣格相信，万事皆非随机出现的，在混乱之上自有秩序存在。对荣格而言，之所以存在共时性的时刻，是宇宙为了让我们看到万事万物都是相互联系的。我们虽然无法看到巧合背后的因果关联，但它就在那里，存在于某处——那是一种知觉范围之外的力量。

重要影响

荣格的观点不仅影响了心理学，还对艺术理论、文学创作和电影拍摄产生了影响。*“迈尔斯-布里格斯类型指标”*（Myers-Briggs Type Indicator，简称MBTI）这一人格测试的理论依据就是卡尔·荣格的学术理念，至今仍在使用。荣格的学术理念至今仍然在若干心理治疗思想流派中有所体现，其信奉者自称为“荣格学人”，另外，荣格的思想也对更宽泛的“深度心理学”产生了影响。甚至还有人说，正是因为荣格对于精神体验的重视，才引导着比尔·威尔逊（Bill Wilson）创立了匿名戒酒互助社。

于我而言

你很有可能在社交媒体上做过各种各样的人格测试，从“你最大的缺点是什么”到“你是《权力的游戏》（*Game of Thrones*）中的哪个角色”，等等。但是在你所做过的测试中，出现概率最大的应该就是迈尔斯–布里格斯人格测试的某种变式，可能是职场中咨询师所使用的正规版本，也可能是Facebook上提供的极简版本。这个测试的结果是四个大写字母代表的人格类型，共包括十六种，譬如ENFP或者ISTJ。迈尔斯–布里格斯人格测试直接来源于荣格的学术思想，而四个英文字母所代表的十六种人格类型，恰恰对应于荣格所提出的理论，分别是：外倾对内倾；感觉对直觉；思维对情感；判断对理解。迈尔斯–布里格斯人格测试的开发者认为，一个人的个性特征取决于他在上述四个维度上处于什么位置。直觉者依赖于自己的“第六感”，而感觉者则依赖于更可触摸、感知的刺激；情感者在做决策时主要受情绪驱动，而思维者则乐于在一张清单上进行权衡对比。如果荣格看到一位衣着光鲜的咨询师打开公文包，拿出根据自己学术思想设计的问卷，以及通过分析产生的电子表格，不知他会作何感想，思之不免令人莞尔。

外倾/内倾在你的生活中是怎样体现的？很多人臆断，外倾者在社交过程中更加自信，而内倾者则十分害羞，并且与其他人共处时坐立不安。但这种结论并不一定总是准确的。如前文所述，外倾/内倾这种二分法并不一定总是同社交焦虑相关。有很多内倾者在社交时十分富有魅力，与人相处时游刃有余，有些甚至是天生的表演者。但他们仍然属于内倾者，因为他们在心灵上需要自己的空间——他们很容易厌倦其他人的陪伴，而且他们主要生活在自己的思想当中。与之相类似，生活中也有诸多害羞的外倾者——绝大多数情况下，他们都乐意并且需要与他人共处，不喜欢独处，但是当与他人进行实际的互动时，他们偶尔会感到紧张并且焦虑。

或许你已经注意到，有一些故事在不同的文化中重复出现。英雄、替罪羊、局外人、漂泊者、恶人、蠢人、骗子、不幸的恋人，这些共同的主题出现在电影剧情、篝火故事中，这些原型不断地涌现出来。在或长或短的故事中，在面向儿童和成人的作品中，在千差万别的文化中，你都能看到上述主题的身影。莫非，不论上下横跨多少时代，相隔千山万水，我们人类在内心最深处都是紧密相连的？在我们探访古代遗迹或者观看一幅数百年之久的画作时，可能会让我们不禁发出感慨，或许荣格的确提出了真知灼见。可能，这就是集体无意识的一缕微光——不仅仅是我们眼下的生活体验，还包括我们的主观情感现实和深层次的人性，将每一名人类与其他人捆绑在一起。

卡伦·霍妮
Karen Horney

生于1885年，出生地：德意志帝国，普鲁士，石勒苏益格-荷尔斯泰因。
卒于1952年，逝世地：纽约州，纽约市。
毕业于弗莱堡大学、哥廷根大学以及柏林大学。

核心思想

与卡尔·荣格一样，卡伦·霍妮的姓氏发音也经常被人搞错（英文发音应为“Hor-nigh”），她将看似无法弥合的弗洛伊德理论和女性心理学弥合起来。她的主要关注点是*“神经症”*，且她在该领域的影响力一直延续至今。

*“神经症”*这一术语最基本的意思，就是情绪压力，通常以抑郁或者焦虑的形式存在。按照今天的思维方式来看，这些症状其实与焦虑症更为匹配。霍妮将神经症视作普遍存在于人类中的一种情况，而不是单独个体对于特定的压力事件或者灾难性事件的反应。概言之，她认为神经症是无处不在的，它反映了我们为了应付日常生活所做的尝试。按照霍妮的观点，某些人能够非常适应社会生活，但是还有一些人在试图应对生活压力的过程中却形成了完全适应不良的特质。

霍妮提出了**“基本焦虑”**这一概念，它指的是孩子在一个令人恐惧的危险世界中，感知到自己极其无助并且十分孤独。假设孩子与父母的关系出现问题，这种焦虑感就会飙升。霍妮提出的理论认为，家长管教的不一致性、家庭缺乏温暖，或者孩子的情感体验无人关心，都会威胁到亲子关系，而在此之后，孩子为了将这种焦虑感降到最低，就会形成各种防御机制。最终，这一模式会进入孩子的人格特质当中，并将导致更多永久特质形成。

上述理论又促使霍妮提出了十种**“神经症需求”**的假设。她将神经症需求归纳为三类：那些使我们依从的需求（对爱和感情的需求，对伴侣的需求，对简化生活的需求）；那些使我们离群的需求（对独立的需求，对完美的需求）；以及那些令我们变得富有攻击性并且与他人对抗的需求（对权力的需求，对利用他人的需求，对声望的需求，以及对获得个人成就的需求）。只有当这些需求达到失衡的程度时，或者在日常生活中杂乱无章地以极端形式出现时，我们才称其为神经症需求。霍妮认为，绝大多数人都能够以健康的方式驾驭这些需求，同时降低我们的人际冲突。而且只要我们的家庭生活更加稳定、宽容、充满爱意和敬意，那么我们健康生活的概率就更高。另一方面，对于一个已经产生神经症需求的人而言，适应不良的行为将会导致更多适应不良的行为出现，并且进一步形成恶性循环（或者周期）。不止如此，霍妮还认为，健康的人能够正确地认识自己，而一个神经症个体的身份则分裂成为一个被鄙视的自我和理想化的自我。由于这两个自我概念之间存在鸿沟，所以导致焦虑和神经症永不停歇。

霍妮接纳了弗洛伊德精神分析理论中的若干观点，其中就包括了无意识的重要性，但她对于过多地将研究精力放在生理性和性驱力上并不认同。她更感兴趣的是可能潜藏在弗洛伊德观察结果之下的社会角色与人际关系。譬如，她修订了弗洛伊德提出的俄狄浦斯情结的理论，删除了其中强调性欲的成分，将其视为对注意力的一种争夺。同理，她抛弃了弗洛伊德提出的阴茎嫉妒理论，并且表示任何与之相关的情感跟男性器官本身关系不大，而是与男性拥有相对于女性而言更多的权力和文化接受度有关。

霍妮是史上首位女性精神病专家之一，有论者认为，她在1946年出版的著作《你在考虑精神分析吗？》(*Are You Considering Psychoanalysis?*)是第一本自助书籍，也是第一本将心理干预介绍给非从业人士的出版物。

重要影响

霍妮重新改造了精神分析理论，将关注点更多地放在亲子关系上，这对于后续"依恋"概念的探索研究是至关重要的。她的工作推动了后世亲子关系研究的突飞猛进，其中佼佼者包括约翰·鲍比(John Bowlby)和玛丽·爱因斯沃斯(Mary Ainsworth，在其"陌生情境"任务的研究中，将亲子依恋关系划分为四种类型，并以此闻名。详见本书159页)。霍妮通常被视作一名新弗洛伊德主义者，该学派对于经典的精神分析理论进行了合理修改和调整。

于我而言

让我们进一步审视霍妮提出的神经症需求这一概念，看看对社会认可或者社会声望的需求。每一个人都需要某种程度的认可与表彰，这是人类本性的一部分。但是这种需求为什么在某些人身上变成神经症呢？

譬如说，在儿童阶段，你与其他人毫无差别——或者，更糟糕的

一种情况是，你所拥有的特质丝毫不引人注意，你并不拥有的特质却倍加受人关注。你对自己的感觉并不特别良好，你所拥有的品质从未获得过他人的正面关注。或许，你的同学都有好身材，你却体重超标；或许，你的同学各科成绩都比较优秀，你却成绩欠佳。又或者，你朋友的父母结识了很多有趣的朋友，经常聚会，还时不时去旅游；而你自己的父母却每天在电视机前拿着薯片狼吞虎咽，导致你总是感觉自己的生活并不充实。

可能，你找到了对抗这种不适感的方法。有些孩子会让自己沉浸在艺术、音乐或者体育当中，或者他们结识了一群特别优秀的朋友，从而解救了自己。又或者，你可能和自己的父母之间建立起了分外牢固且充满关爱的关系，虽然他们在社会中远称不上精英阶层。或许，你有幸遇到了一位极其负责的老师，帮助你找到了自己在这个世界上独一无二的道路。假如你拥有了上述际遇，也许在你成年之后，最终将能够感到自己被人认可，感到自己是个有价值的人，不会因为自己的缺点被人歧视。

但是，倘若你没有任何上述幸运的际遇，又将如何呢？在成长的过程中，你会越发感到自己受挫，越发用“缺乏社会威望”这一感知定义自己。纠缠于自己所缺乏的东西，这将占据你的人格特质，也导致你总是想方设法地让自己在中学受人欢迎。大学时期的你同时兼两份职，只为了多赚一点钱，然后将所有收入都用于购买最新的时尚商品上。你只跟那些受欢迎且排外的小圈子打交道，对那位从你四岁开始就已经结识的邻居则弃若敝履。你的行为甚至会变得比较急躁，只是为了让自己受到他人的关注。当你终于找到一份工作，开始自己生活时，你成为了一名不折不扣想方设法跻身上流社会之人，你四处攀亲带故，妄图提高个人身份，削尖脑袋想要加入最火热的俱乐部和最排外的聚会。你没法忍受自己对新出的品牌和时下的潮流一无所知，而且你的人际关系始终维持在十分表面并且浅薄的状态。你的社交媒体账号说出了你的潜意识：“快来看我！我很特别、受欢迎且是独一无二的！”

至此，我们已经清晰地明白了什么是神经症需求。它会定义你，并且完全占据你，使得你每天无法过上最健康的生活。它甚至会上升到令人毛骨悚然的持续性焦虑的程度。诚然，绝大多数人如果能跟名人聊一次天，或者领先所有人提前体验一款大肆宣传的产品，都会感到非常喜悦。但是，只有那些对于社会声望产生神经症需求的人，才会让“寻找这种喜悦”完全占据自己的生活。

阿尔弗雷德·阿德勒
Alfred Adler

生于1870年，出生地：奥匈帝国，维也纳。
卒于1937年，逝世地：苏格兰，阿伯丁。
毕业于维也纳大学。

核心思想

阿尔弗雷德·阿德勒的诸多理论，经汇合凝练成为一种思想学派后，被称为“阿德勒疗法”，其中涉及的内容可谓极其广泛。阿德勒是一位对自己的研究成果极其慷慨的学者，尽管自己为学界做出过很多贡献，却并不强求因之而受到彰显，因此，他的实际影响力可能远比他的名声大。

阿德勒的很多思想都来自精神分析学派，而且作为弗洛伊德的同时代学者，他也深受弗洛伊德赏识。但是阿德勒却与精神分析学渐行渐远，并且将研究重点放在“我们如何觉知自己在社会关系中的位置”上，与之相比，弗洛伊德则更加关注人的生理性和本能。阿德勒将自己的学术方法命名为*“个体心理学”*，因为他强调要将个人视为一个整体，而精神分析学有时则会将自我分割成若干组成部分。他还认为，相对于过去的事件，人类对于将来的思考更加具有价值，而且，他并不同意过去事件会预先确定我们的未来走向。

阿德勒尤为关注*“驱力”*这一概念——也就是驱动我们的事物，

以及我们奋斗的目标。他用*“追求完美”*这一术语，来表示人类达成目标并且成为真实自我的动力。有时，这包含*“追求优越”*，这会造成很多问题出现，因为它十分强调自己必须要比其他所有人都要更好。与之针锋相对的一种情况，则是**“自卑情结”**这一概念，非常著名。阿德勒认为，我们每个人都在某些领域感到自卑，所以我们会去试图弥补这些缺陷。有些人的弥补方式比较健康，但是还有一些人会深陷自卑之中无法自拔。所谓的“缺陷”并不一定是真实存在的，可能仅仅是个体在日常生活中因为接收到的各种讯息而形成的一种错觉。怀揣自卑情结的人无法很好地适应社会，这将体现在诸多不同方面。个体会不断过度补偿[①]，以填补自己的缺陷。拥有自卑情结的人，总是不断地在四处探求，希望向自己和他人证明一些东西。

阿德勒的理论之中也涉及了个体与他人之间的人际关系，这在**“社会兴趣”**这一概念中体现得最为淋漓尽致。所谓社会兴趣，指的是我们对于所处集体和身边人的考虑。我们是否能够做到共情，我们的人际关系是否牢靠，我们与身边人之间的互动质量如何——阿德勒认为，上述问题能够非常准确地衡量出我们的总体心理健康水平。他提出，绝大多数心理问题，很大程度上皆可归咎于社会兴趣的缺乏——这并不意味着内向或者害羞，而是从来不考虑我们与他人之间的关系，只关心自己，而且丝毫不在乎我们对他人所造成的影响。

阿德勒也是史上第一位对于出生次序——一个人是独生子女、最大的子女还是最小的子女——予以重点关注的心理学家，并且因此而

---

① 一个人在身体方面或心理方面的缺陷引起过度的补偿行为或“矫枉过正”。这种缺陷可以是实际存在着的，也可以只是一种想象。——编者注

闻名。他认为，相对于某个个体或特定家庭情况，以上观点从宏观上更有用。他注意到，兄弟姐妹中的出生次序能够影响人格特征，具体而言，独生子女有时候会因为受到父母过度的注意而不堪其扰；年龄最大的子女倾向于更加具有领导气质且较为果决；排行中间的孩子有时候苦于无法找到自身定位，甚至会因此变得尽量避免冲突；而年龄最小的孩子通常会较为孩子气，并且空有大志而不尽力争取。阿德勒承认，在任何一个家庭，个体因素以及年龄段可能更具影响力，但是他仍然坚信，兄弟姊妹的人际关系同样会产生巨大的影响，这一深具洞察力的观点最终经受住了时间的考验。

重要影响

阿德勒直接影响了横跨多个不同领域的理论家和从业者。他的部分学术观点后来体现于亚伯拉罕·马斯洛、卡尔·罗杰斯的人本主义疗法以及维克多·弗兰克尔的存在主义观点之中。阿德勒在临床实践中注重诊查患者不适应社会的行为，这可以视作阿尔伯特·埃利斯的**理性情绪行为疗法**和**认知疗法**的先驱。阿德勒在精神分析学中占有一席之地，相对于生理驱动力，他更加关注社会人际关系，这一点也影响到了卡伦·霍妮。

于我而言

假如说，我有一根魔杖，一夜之间就可以解决你的所有难题，或者能够帮助你实现一个一直无法成功达成的目标。只要你一觉醒来，一切就都安排妥当了。那么你的生活会变成什么样子呢？这可不仅仅是一个问题那么简单——它正是阿德勒所谓的“终极问题”，属于一种心理治疗技术。阿德勒指出，通过让一个人去想象自己的难题全部得到解决或者目标得以实现之后，生活将会是什么模样，能够获得很多有价值的信息，尤其是，一个人的理想生活，尽管他会描述得栩栩如生，尽管他全心全意地对其充满渴求，反而恰恰可能是他所畏惧的事物。事实上，阿德勒认为，一个问题之所以长久没有得到解决，或者说一个目标之所以长久没有得以实现，很可能反映出了无意识的焦虑，而个体一直以来又无法直接面对或者加以克服。没有办法静下心来刻苦学习拿到学位吗？或许在内心深处，你害怕在学业结束之后，自己无

法面对“现实世界”的期待与责任。

当然了，并不是我们所制定的或者未曾实现的每一个目标都与无意识的恐惧存在联系，因此，这种干预技术并非普遍适用。但是其魔力在于，它迫使我们从另外一个角度去看待事物，而且它能够引领我们认清一个事实：某些情况下，我们之所以不可抑制地自我妨碍，其根源在于我们一直以来都在竭力去压抑的隐秘的恐惧。当我们在某件重要的事情上故意拖延，当我们妄求一个问题会自行凭空消失时，我们都是在面对着眼前的阻碍自欺欺人。指出这些阻碍，对于帮助我们开发出自身真正的潜力，意义无疑是十分巨大的。

维克多·弗兰克尔
Viktor Frankl

生于1905年，出生地：奥匈帝国，维也纳。
卒于1997年，逝世地：奥地利，维也纳。
毕业于维也纳大学。

核心思想

维克多·弗兰克尔的生活经历可谓跌宕起伏。他的极端经历，以及那段影响了数代人的历史，使他形成了自己的学术观点并且对其不断进行发展，这是不常见到的。

1942年，弗兰克尔生活在维也纳，职业是医生，新婚燕尔。可惜就在当年，他自己、他的妻子、他的兄弟，以及他的父母，全部被逮捕送至特莱西恩斯塔特集中营。在此之前的数年，弗兰克尔一直在秘密地反抗纳粹当局；他会给病人做出假的鉴定，防止他们被安乐死，因为纳粹对于精神病人的强制性政策就是处死（纳粹会将精神正常的犹太人送入集中营，不会将他们处死）。但接下来发生的悲剧世人都很熟悉：之后的几年间，弗兰克尔的所有家人全部在集中营先后死去（只有他的姐姐在家人被逮捕前逃离了奥地利，躲过一劫）。弗兰克尔在1945年重获自由时，才知道了家人的死讯。他亲眼所见的恐惧，他偶尔怀揣的希望，促使他写就了自己最著名的作品：《活出生命的意义》（*Man's Search for Meaning*，首次出版于1946年，为德语版，当时的书名大意为“不论如何仍对生活说‘好’”)。

直至今日,《活出生命的意义》仍然吸引着大量的读者。在这本书中,弗兰克尔挖掘了自己在集中营中的恐怖经验,他在重获自由之后对于生活的重新调整,以及他对于心理状态的哲学观点。他将这些理念汇总起来,成为他称为**“意义治疗”**的一种全新心理治疗类型的基础。意义治疗主要着眼于对生活意义的追寻,因为弗兰克尔感到,先前的心理治疗学派过多关注于对快乐、权力的探究。

在集中营那段最为恐怖的时间里,弗兰克尔对于未来仍有遐想,因为心存希望而让自己的生命能够延续下去,而且这些心情还获得了他人的共鸣,这让他十分吃惊。他指出,能够有心力去幻想再次与爱人团聚,或者梦想着一些目标得以实现,这通常是唯一能够阻止一个人精神崩溃的支柱。他认为,将世界一分为二划分成“好”和“坏”是具有误导性的;而且他还指出,即便在集中营的守卫身上,他偶尔也能看到善良的光辉。

弗兰克尔提出的理论认为,某些情况下,不健康行为的原因在于**“存在的空虚”**。类似于“无聊”的这种事物——我们在闲暇时光所感受到的心神不安,弗兰克尔命名为**“星期天神经症”**——将导致我们为了填补这些空虚,去追寻物质的占有、权力,或者肤浅的快乐。但是,弗兰克尔认为这些东西无法让人真正感到放松,因为它们无法提供实际的意义。

弗兰克尔指出,意义主要来自三种不同类型的价值:

- 经验的价值。主要是对于我们而言重要的事物。其中最重要的或许就是爱。弗兰克尔经历了与爱人的隔离,并且最终失去了妻子,他感到,即便爱人已经逝世,但是爱仍然没有止息;

即便夫妻已经天人永隔，但是两人内在的自我仍然存在联系。他相信，最纯真的浪漫之爱远远超越了性体验，因为性爱只是爱的一种可能的表达方式，但并不意味着爱确实存在。

- 创造的价值。主要是追求并且参与那些能够挑战我们心灵的活动：艺术、发明创造，或者其他智力追求活动。与创造性价值建立起联系，意味着我们一生都在从事有意义的工作。

- 态度的价值。主要是我们是以什么方式来看待事物，以及这种方式如何能激励我们勇敢的行为。也就是说，即便是在苦难中，我们也能够发现意义。例如，你之所以会悲痛，是因为你首先是能够去爱的。

弗兰克尔认为抑郁、成瘾和攻击性，这三类情况出现的原因在于意义的缺乏，或者是在寻找意义的过程中误入歧途。通过使用这三类人的相关数据，弗兰克尔指出，他们在“生活是否有意义”这一维度上的得分普遍比较低。

弗兰克尔相信，即便是那些积极追求人生意义的人，有时候也会脱离正轨。不论是过多努力，还是过多思考，都会产生消极结果。有的时候，我们需要完全换一个问题：弗兰克尔相信，我们通常太聚焦于自己对生活的各种期望，而真正的问题反而是生活对我们的期望是什么。

在意义治疗中，弗兰克尔也创造出若干具有针对性的治疗工具。譬如对于“*矛盾意向*”的使用，举例而言，如果来访者被失眠所困扰，则要求其尽量醒着；如果来访者担心自己因为涕泪横流而失礼，则鼓励他尽量主动地哭出声来。这一做法表面上重复了失眠或哭泣的部分行为，而且它能够表明：那些我们竭力抵抗或者恐惧的事物事实上并没有那么糟糕。使用矛盾意向，可以让人感到十分放松，并且感觉自己拥有掌控力。弗兰克尔还认为，对于那些因为遭遇磨难而情绪低落之人，幽默是帮助他们在短时间内振作起来的一剂良方。

弗兰克尔的著作和理论充满了精神性，某些时候看似已经脱离了心理学的领域，进入了道德和宗教的世界。在他的著作中，弗兰克尔还探讨了“超越”的体验，这是有关更高层次的信念。他对于引导我们行为的良知的关注，以及我们如何在生活中去实现一个比自身更加伟大的目的的观点，至今仍然能够引起共鸣。

弗兰克尔写道，我们不论被夺走了什么，也总是能够在任何情境下都自由地选择自己的态度和自己的道路。这一理念让他与其他心理学先驱们不谋而合，不论是哪个学派，他们都坚信人类对于事物的感知十分重要，而且我们拥有成长的能力，拥有改变我们对事物的感知的能力。当我们想象弗兰克尔置身于毫无希望、遍布死尸的集中营时，这一理念又不禁让人倍感酸楚。

重要影响

《活出生命的意义》今日仍然被广泛阅读，而意义治疗也直接影响了后世的人本主义疗法和存在主义疗法。来自意义治疗的多种技术，目前已经深度整合到了心理学的各种学派之中，其中就包括认知行为疗法。此外，弗兰克尔对于承受苦难的本质所进行的思考，亦对哲学领域的探索有所启发。

于我而言

弗兰克尔的理念激发出的诸多问题，这对于现代生活仍然十分切题。是要承受苦难，还是彻底消灭苦难？对苦难是要一贯避而远之，还是将其视作某种形式的天赐之礼？

当然了，大屠杀之残酷，其恐怖程度是令人无法理解的。但是，我们的生活中也存在深重、常见的苦难，虽然其严重程度远远不及大屠杀。

你可以在不勉为其难的前提下，回想自己生活中最为痛苦的若干时刻，不是你罹患肾结石或者手被卡在小型货车门的时刻，而是令你感到情绪上的痛苦并且遭受苦难的时间段。当然，很有可能你曾饱受慢性焦虑或者抑郁之苦。除了这些情况，你的苦难也可能来自一个具体事件，促使你探寻生命的意义。你当然无须为这件事情的发生而心怀感恩。但是，它却可能定义了你这个人，因为你会逐渐意识到自己从这件事情中学习到了一些东西。或许，你最痛苦的经历是爱人逝世。为什么这件事如此令人伤痛？弗兰克尔认为，答案是很明确的：你内心的伤痛之所以如此深，是因为你允许自己去爱这个人、去依恋这个人。在你与这位逝去爱人的关系中，你是真实的，而且你的生活也十分充实。同理，你的悲伤也是一种生活和感受的方式。它意味着你仍然存活在这个世界上，并且所爱之人先前的陪伴仍然影响着你。弗兰克尔曾经对一名来访者说，为一个人的死亡而感到悲伤还意味着：所爱之人不再会因为你先于他死亡而痛苦万分了。此外，悲伤还意味着参与到生活的所有形式之中。逃避它，掩饰它，或者心灰意冷，都无济于事，只能提供短暂的解脱。相反，在悲伤中寻找意义，并且完全地去体验它，最终能够帮助一个人渡过难关。

“苦痛是一种潜在的令人成熟之经历”，这种观点带来了若干具有争议性的问题。作为一个社会，我们是不是在缓解个体的不适时，行动过于急促了呢？我们是否将基本的人类体验，譬如缅怀逝者并且悲伤痛苦，视作需要即刻解决的医学问题了呢？我们是否太过急于用药、治疗并且缓解痛苦，反而没有让我们自己和他人充分地经历生活呢？最近，《精神障碍诊断与统计手册》第五版明确表示，不再将丧失亲友之人排除在抑郁诊断患者之外。换言之，在此之前，如果你最近失去了挚爱之人，那么抑郁症状即被视作是正常而且预料之中的，而且你也不会被诊断为罹患心理障碍。这种思路已经发生了改变，部分原因在于，给处于哀悼期的人确诊，可以给他们的痛苦提供正当的理由，并且可能为他们获得相应的治疗提供便利。（当然，制药公司的利益与较高的诊断率也是高度一致的。）但是，倘若我们持续将人类的正常体验疾病化，那么我们是否就忽视并且错失了痛苦对于我们的成长所具有的意义呢？

至于弗兰克尔所提出的其他理论，你是否曾经因为努力过度或者对一件事过度关注而必须要停下来休息一下呢？你也许不断地去思考一个职业或者感情的困境，以至于你无法忍受再进行思考了（你的朋友也受不了了）。你相信这种思考和自我反思是好事，但是你仍然发现自己不得要领——你反反复复地改变思考方式，仍然无济于事。你感到自己知道的反而比之前更为贫瘠，而且你也无法感受到向前行进的动力。分析起来，这是一种典型的“麻痹”，一个过度思考的事例。当思考开始妨碍生活时，你就阻碍自己的发展了。据说，苏格拉底曾经说过，不经过审视的生活不值得度过。不过，还有人曾指出，未曾度过的生活不值得审视。弗兰克尔会说，如果你因为对于下一步的行动进行过度分析而停滞不前，那么你距离“找到生命的意义”就越来越远了。

阿尔伯特·埃利斯
Albert Ellis

生于1913年，出生地：宾夕法尼亚州，匹兹堡。
卒于2007年，逝世地：纽约州，纽约市。
毕业于纽约大学与哥伦比亚大学。

核心思想

阿尔伯特·埃利斯（Albert Ellis）最初的职业是商业管理，他的梦想是成为一名作家，这一开始似乎不太可能让他成为所有时代最具影响力的心理学家之一。但是，促使他成为学者的动因，是他对于性关系理论的浓厚兴趣，他曾将自己的论文集结成册出版，书名为《性自由案例》（*The Case for Sexual Liberty*）。该书出版之后，陆陆续续有人向他征求建议，由此，他发现，自己非常喜欢为他人提供咨询。他成了精神分析学派的一名虔诚信徒，虽然没有获得过医学学位，仍然被一个精神分析培训项目接受了——这在当时较为罕见，此后，他获得了心理学的博士学位。只不过，从业数年之后，他逐渐失去了对于精神分析学派的信念，直至1957年，他撰写了书籍《如何与神经病患者生活》（*How to Live with a Neurotic*），并且创建了他所称的*“理性疗法”*，后又最终演变为理性情绪行为疗法。

理性情绪行为疗法与精神分析疗法大不相同。精神分析学派的咨询师相对而言十分被动，但是理性情绪行为疗法却建议咨询师采取主动姿态，并且单刀直入地去挑战患者不切实际的信念。理性情绪行为疗法的内容包括，直接对抗患者的自我挫败模式，帮助他们调整自己的思考方法，并将他们的认知模式转化为更加健康、更加具有适应性的处世方式。埃利斯成了认知疗法的先驱。

埃利斯还填补了心理治疗与科学实验之间的鸿沟。当时，咨询师仍然十分倾向于精神分析学，而实验也仍然是行为主义者的天下。埃利斯引入了更加具体、更易测量的治疗技术，在寻找心理治疗可量化的、实证层面上可验证的结果方面，他是一名先行者。

按照埃利斯的观点，理性情绪行为疗法包括三个部分：A、B和C，分别代表*“诱发性事件”*（activating experiences）、*“信念”*（beliefs）和*“结果”*（consequences）。诱发性事件主要是指能够在某人身上诱发出情绪反应的情境：一次创伤性事件、一次分手、一个充满压力的工作环境。信念是我们通过自身经历所形成的思维系统；这些想法通常是自我破坏和非理性的，所以它们通常是我们的不幸之源。而结果通常都是信念所诱发出的消极情绪——孤独、焦虑、无望。

埃利斯强调指出，我们之所以会不开心，之所以会长期表现出不适应社会的行为，原因并不在于诱发性事件，而是我们对于诱发性事件所持有的信念。而治疗主要涉及D和E：咨询师要与这些信念进行*“辩论”*（disputing，即D），然后，咨询师还要鼓励患者构建一个全新的并且健康的信念体系，得到积极*“效果”*（effects，即E）。埃利斯总结了很多常见的不合理信念。他指出，最为常见的有害信念，主要包括：对于自身能力有完美主义倾向的要求；认为如果自己对他人不够体贴周到，其他人就会睚眦必报；要求世界在任何时候都要让自己幸福开心。咨询师的职责就是要坚定地质疑这些信念。常见的对质问题包括：

- 这个信念有证据支持吗？
- 这个信念有证据反对吗？
- 如果你不再持有这一信念，可能发生的最坏的事情是什么？
- 如果你不再持有这一信念，可能发生的最好的事情是什么？

咨询师与患者要通过长时间的讨论解决问题，从而使得患者逐渐意识到这些信念当中的自相矛盾之处，并且形成更加合理的信念系统。虽然阿尔伯特·埃利斯相信自我接纳的重要性，他的研究延伸到了“自我”这一概念，但他对于自我超越、自我实现的概念并不感兴趣，而后者是人本主义疗法所支持的。

埃利斯对于性理论的兴趣贯穿于他整个学术生涯，在此领域他著述颇丰，针对人类性行为开展了若干研究。他于1958年出版的书籍《性无罪》（*Sex Without Guilt*）被认为是二十世纪六十年代美国性解放运动的催化剂之一。他的学术观点随着时间不断进化，对于同性恋逐渐采取了较为包容的哲学态度。他对于宗教的某些作用也多有批评——尤其是，他感到某些宗教信条会导致罪恶感和焦虑感产生，所以部分保守派人物在某些情况下曾与他进行激烈的争执。

身处咨询室中的埃利斯平易近人，但说话又直接粗暴，这与先前的心理治疗风格差异极大（不过这并非认知干预的组成要素）。在他生命的最后四十年，他每周五都会举办研讨班，教授心理治疗技术，有些时候，他的言辞是直截了当、充满幽默且咄咄逼人的，因此难免略显亵渎。在很多方面，埃利斯都是与弗洛伊德完全相反的人：直接，行动导向，将复杂的问题简明地解释，他相信心理咨询无须耗时数年，而且应该直面问题、完全透明、合情合理，并且不要旁敲侧击。他以普罗大众为目标读者，撰写了七十多本简明易懂的书籍，其中就包括了《理性情绪》（*How to Stubbornly Refuse to Make Yourself Miserable About Anything—Yes, Anything*）。

重要影响

埃利斯与亚伦·贝克无疑都是认知疗法以及随后的认知行为疗法的先驱。埃利斯近94岁时去世，职业生涯时间较长，作为一名心理学家，在推动心理咨询手段进入到“短时”范围、开展“直面你的问题”的干预类型方面，他绝对是主力干将。这一类型的干预在咨询室之外也产生了巨大的影响，在大众心目中塑造了关于“自助”的观念。

于我而言

表面看起来，理性情绪行为疗法及其后续变式似乎仅仅是在你的生活中点缀了一个漂亮的蝴蝶结，鼓励你去关注生活中的光明面，或者忽略那些正在发生的消极事件。但实际上恰恰相反，理性情绪行为疗法的前提，是生活并不总是公平的，一个人必须在某种程度上接受消极的事物，才能够获得开心和幸福。所以，逆境绝对是最重要的。一位理性情绪行为疗法咨询师——或者使用理性情绪行为疗法技术的好朋友——会帮助你使用不同的眼光去看待逆境，为你打下坚实基础，帮助你成为一个更加乐观的人，能够自然而然地渡过难关。

不妨让我们设想一下令人心碎的医疗诊断案例。你发现自己罹患糖尿病，由此，你的生活方式将发生巨大的改变——该病还会带来各种各样的并发症，这令你的情绪十分低落，甚至感到人生无望。理性情绪行为疗法会鼓励你不要对糖尿病视而不见，更不要盲目否认一切、含含糊糊地说“一切都会变好的”。理性情绪行为疗法会鼓励你以切合实际、自发主动的方式去面对这一疾病。在经历过一至两次理性情绪行为治疗之后，你可能会将糖尿病的确诊当作是一通叫醒电话，并且决定与医生并肩作战，不仅要找出治疗糖尿病的方法，还要提升整体的健康水平。这并不是所谓“祈求天上掉馅饼”的思维方式，也并不是躲避糖尿病确诊的现实。你的情绪将会得到有效改善，同时，你在生活中继续向前行进，应对挑战和苦难的能力亦将提升。

借助理性情绪行为疗法，还可以确认并且矫正更大规模的信念。埃利斯十分强调特定信念与特定情绪之间意味深长的联系，他还同患者一道，以系统化的方式确定患者行为的前因与后果，从而使患者不再步入从“不合理信念”到“抑郁情绪”的恶性循环。后续的认知疗法咨询师借鉴了埃利斯的成果，同样会使用情绪日志与自动化思维记录本等技术。阿尔伯特·埃利斯知道，我们的信念越固执且适应不良，我们就越会陷入自我击败的境地，而且我们付出的代价也将越惨重。他赠送给心理咨询师同侪最珍贵的礼物，是矫正不合理的、适应不良的信念的“总设计图”。

亚伦·贝克
Aaron Beck

生于1921年，出生地：罗得岛州，普罗维登斯。
毕业于布朗大学和耶鲁大学医学院。

核心思想

亚伦·贝克（Aaron Beck）是心理学领域的一位巨匠，他的科研工作处于认知研究和精神分析学的交叉路口。事实上，很多人都将他视为认知疗法的创立者。

贝克从业之初是一名精神分析学派支持者，立志于使用精神分析学去帮助抑郁症患者。但是，由于精神分析学缺乏实证证据，贝克备感受挫，于是，他开始着手去寻找更加具体且可量化的心理干预类型，同时，他开始关注那些检验并且挑战特定思维方式的心理干预技术。在未接触过阿尔伯特·埃利斯的理性情绪行为疗法的工作成果的情况下，他独立开发出了认知疗法，不过两者在时间进程上确实多有重叠。

贝克确定了抑郁症患者思考自己、所处环境以及个人未来的思维方式。毫不令人意外，他们的想法是倾向于十分消极的。而且，研究已经证明，他们的想法是自然而然出现的——这些想法是如此根深蒂固，以至于已经被患者视为真实的，丝毫不对其加以质疑。阿尔伯特·埃利斯曾提出，问题在于这些想法与现实并不完全相符，甚至是完全非理性的。它们是典型的错误思维和扭曲思维，但是却完全主导了抑郁症患者看待自己和所处世界的方式。

贝克提出的抑郁认知理论认为，上述自动化且扭曲地解释世界的方式，是抑郁的一个基本特征，它们表明，抑郁症患者的思维方式存在着系统性的谬误，这将使得他们的抑郁症状持续不断、无法改善。但是，如果这些想法能够被质疑，那么，也许患者可以形成更加健康的思维方式——随之而来的还有情绪状态的提升。

贝克提出，频繁出现的消极思想通常能够反映出一个人的核心信念。它们是消极的认知模式，或者可称之为**“图式”**，主要来源于早年经历，譬如，整个童年阶段都被人严厉批评、失去至亲或者被小伙伴们排挤等。这些核心信念既无益处，又不精准，但是它们却阴魂不散，并且被视作真实而重要的人生组成部分。而且，这些信念最终可能变成事实；抑郁的人总是相信事情会变糟，也由此倾向于制造出确实将事情变糟的外部环境。

贝克提出，抑郁的人普遍会展现出一些**认知谬误**。**任意推断**会诱使人们将实际上并不存在联系的事物联系在一起。而所谓的**“二分法思考”**主要是指以“非全即无”或者“非黑即白”的方式看待事物。“以偏概全”（对某些事过度泛化，未能将其视作一个具体的、独立的事件）以及“选择性地注意消极方面”（虽然事后证明其实是积极方面）同样也是在抑郁症患者之中常见的思维模式。对于贝克来说，这些认知谬误所反映出的认知扭曲，很有可能不仅会导致抑郁想法出现，还会在将来使得抑郁症状无法缓解。

所幸，贝克所开发的认知疗法能够帮助患者摆脱上述思维方式的束缚。咨询师的职责就是要以关爱的方式去挑战这些想法，并且着重强调这些想法的不合理之处。须知，在此之前，这些深藏在患者内心的设想可能从来都没有被质疑过。挑战消极的思维方式，能够帮助一个人学会如何更加积极地进行思考，并且形成更加符合实际、更加适应社会的思维。积极的思维方式是更加目标导向的，它们使得个体在解决问题时更加积极主动，从而帮助自己不断进步，而且可以使得失败的自我实现预言出现的概率降低。

贝克还设计了量表以测量疾病症候，从而准确地测量一个人在认知疗法中所取得的进展。数十年来，贝克抑郁自评量表不仅在科研领域用于测量抑郁症的标志与症状，而且也广泛应用于临床领域。该问卷的设计理念，同样是将抑郁进一步细分为具体的想法、感受和行为，这十分有助于理解抑郁症的具体组成成分，对治疗方法的选择也具有相当重大的启发意义。研究表明，贝克的认知干预手段不仅对于抑郁症的治疗有所帮助，而且已经进一步成为焦虑症、强迫症以及饮食障碍的标准治疗程序的组成部分。

重要影响

贝克的学术思想直接影响到了马丁·塞利格曼（Martin Seligman），后者提出的抑郁归因风格和习得性无助理论，拓宽了我们对于抑郁心理的理解范围。认知疗法为心理疾病的治疗创造了一个全新的发展方向，促进了后续疗法的开发，其中包括认知行为疗法，该疗法已经分化出多个分支（包括接纳与承诺疗法），可以用于治疗数十种不同的心理障碍。

于我而言

譬如说，你正走在大街上，与一位关系不错的同事擦肩而过。同事似乎已经看到你了，但却完全没有跟你打招呼。你怎样解读这一情境？你的感受是怎样的？

有些人对此情境的解释完全不会掺杂关于本人的消极看法："噢，她一定是没有看到我。她很可能当时思想不集中。也许我看到的根本就不是她，只不过是恰巧和她长得比较像而已。"但是还有一些人，也就是那些容易罹患抑郁症的人，会认为这件事是完全针对自己的，而且还跟本人所臆测的"自身缺点"息息相关："她肯定是觉得跟我打招呼太尴尬！她根本就不喜欢我！！！我之前一定是不知怎样冒犯过她了！"当然了，在这个给定情境下，真相是无法知晓的，在上述两种不同的极端情况之间都有可能。但是，抑郁症患者会系统性且持续性地围绕自身形成消极性思维，这种自动化的消极想法，对于抑郁状态而言可能既是原因亦是结果。

贝克所确定的另外两种具有基础性的消极思维方式，即对整个世界、对自己的未来存在消极思想，同样会经常出现在那些抑郁症患者的日常生活中。假设你新盖好的屋子房顶开始漏雨，你是将其视作一个具体问题，还是会更宽泛地认为整间房子都没法住了呢？假设你在工作中和自己的经理发生了不愉快的争吵，你会不会很快就臆测自己要被炒掉了呢？而如果你确实被炒掉了，你会不会认为自己的职业生涯就此断送，再也没有办法找到一份好工作了呢？贝克的理论进一步向我们表明：真正决定我们感受的，并不是生活中发生在我们身上的事件。最为重要的，反而是我们对于这些事件的解读，以及我们如何与这些思绪共处。

某些具体的认知谬误极其普遍，以至于你甚至无法注意到自己身上存在相应的问题。或许，你根本就不是一个抑郁的人，但是你的思维中却存在着“非全即无”的谬误。该谬误会以千差万别的方式表现出来，从焦虑到恐慌发作到低自尊、完美主义和无望感，都是其表现形式，令你的心绪始终徘徊在低谷。这种两分式的思维方式，会使得你在看待世界的过程中，视角十分受限，而且，如果这一视角本身即已经较为消极的话，那么就会把坏事无限放大：“我的孩子有时候会在背后嘀嘀咕咕——她完全不知道怎么样尊重人！”“我的老板曾经跟别人说我需要提高工作

效率——他对我的总体评价肯定非常差！”“我又吃了一块甜点——我的减肥大计完全被毁了！”上述想法统统代表着不符合逻辑并且十分消极的认知跳跃，而且它们会使得我们的感受非常糟糕，令我们陷入其中无法自拔，不去想方设法地朝着目标努力并解决最初的问题。更加切合实际并且适应于生活的思考方法，能够帮助我们更好地应对面前的挑战，面对孩子的言行时不那么愤怒、绝望，同时，在工作中也不会那么士气低落、心烦意乱。当然了，更加切合实际并且适应于生活的思考方法，也能够督促我们在吃下两块甜点后就适可而止，而不是一口气吞下十几个。

也许你的个别朋友或者家人非常善于担任“魔鬼的代言人”，他们会时不时地提醒你的思维存在哪些问题，尤其在你大脑一片混乱、因为一次挫折就心灰意冷之际尤为如此。如此的知己好友，扮演的是温和并且坚定的“对话者”角色，他们帮助你的方式，实际上是在挑战你自动化的想法，并且将它们重新塑造为更加理性、不那么令人抑郁的思维方式。这样的思维才是合情合理的，而且能够让你感觉良好。这个人其实与认知疗法咨询师存在很多共同之处。

卡尔·罗杰斯
Carl Rogers

生于1902年，出生地：伊利诺伊州，奥克帕克。
卒于1987年，逝世地：加利福尼亚州，圣地亚哥。
毕业于威斯康星大学和哥伦比亚大学教育学院。

核心思想

卡尔·罗杰斯（Carl Rogers）是一位彻彻底底的临床医生。他的研究和著述对心理学产生了不可磨灭的影响，同时，他在咨询室的工作——真实与让人温暖——也是值得关注的。

罗杰斯率先提出的疗法最开始被称作*“个人中心疗法”*，后演化为**“来访者中心疗法”**，两者在人本主义疗法的建立中都发挥着重要的作用。罗杰斯坚信，在和痛苦中的人们交谈时，没有必要摆出一副高人一等的姿态，也无须将他们的压力视为病态。他指出，最强有力的心理治疗技术并不复杂，它很简单，即在咨询室中做一个富有爱心的人。罗杰斯的疗法主要基于两大理念：一名优秀的咨询师会真心诚意地去发现一个人的潜能；而且，一名高效的咨询师会真心诚意地去发现一个人毕生成长的能力。罗杰斯认为，咨询师最为重要的职责具体包括：要向来访者传递上述理念；在咨询室中多多给予来访者以支持；并且与来访者合作，帮助其不断成长。

这些观念与精神分析学的老路背道而驰，后者对于所谓的“平等主义”并不特别关心。事实上，精神分析师会将治疗对象称为*“精神分析对象”*或者*“患者”*，而人本主义者则更多地使用平等主义术语*“来访者”*。罗杰斯认为，精神分析学过分强调一个人过去的负担，反而没有去认识一个人目前所拥有的真实的潜能。尽管罗杰斯在咨询室中温文尔雅，但他在与陈旧学术思想论战时，却一往无前，而人本主义心理治疗也逐渐被视作**“第三势力”**，亦即在精神分析学和行为主义之后的一股全新浪潮。

人本主义心理治疗与行为主义的基本差异在于，卡尔·罗杰斯非常强调个体内部所具备的成长潜能，而后者则看重外部环境的条件作用。罗杰斯十分确信，能够控制我们自己生活的，并非外部刺激或者其他人，而是我们自己。事实上，罗杰斯甚至还曾经与行为主义大师B. F. 斯金纳数次同台辩论，两位同是心理学领域的巨匠，针锋相对地提出了各自的观点，由此推动了心理学历史大幅向前进步。

那么，人本主义疗法真正的模样是什么样子的呢？诚如《当事人中心治疗》（1951年）和《个人形成论：我的心理治疗观》（1961年）两书所述，罗杰斯的来访者中心疗法的标志，就是咨询师必须做一个热心而富有同情心的人，在帮助来访者发现并且理解自身的真实感受时，无须作出指示，没必要施加过多的影响。咨询师的目的并不是要去强行解决问题，而是要创造出一个有利于自我探索和内省的环境。罗杰斯相信，他人真诚的对待以及愿意聆听的双耳，是人的基本需求；而想要有效地帮助一个人，就要将他们的感受真实地反映给他们。所以，不妄加评判就成为关键之所在：罗杰斯认为，当以正确、给予支持的方式进行谈话时，个体就拥有纠正错误的能力。

罗杰斯的学术思想中还有一个重要的信条，那就是**"无条件积极关怀"**：他假定，感受到自己被他人真正地接纳与喜爱，是一种极富有力量的体验。罗杰斯的理论认为，如果人们的自我价值感与特定条件绑在一起，比如获得某些成就、说正确的话、以特定的方式行事等，那么他们就会压抑最深层、最诚挚的真实自我，以便自己适应那些条条框框的要求，从而获得他人的爱和接纳。不难想象，这将导致迷茫、压力和自我怀疑的情绪产生。真实自我（我们是谁）与理想自我（我们"应该"是谁）之间如果存在差距，会让人不由得讨厌自己，罗杰斯认为，这种情况几乎会在每一个人身上出现，只是程度深浅可能稍有不同。假设一个人能够真正地理解我们的想法，确认我们的感受，并且甚至愿意与我们共同去体验它们，那么，他将能够帮助我们成为完整的人，激励我们真正地成熟起来。

尽管人本主义心理疗法具有"感觉良好"的性质，但是，罗杰斯的理论既不主观，也不模糊。事实上，在寻找全新方法衡量心理治疗的效果方面，罗杰斯绝对称得上是一位先驱。令人吃惊的是，在罗杰斯之前，尽管弗洛伊德建立精神分析学已达数十年之久，但并没有很多从业人员切实去验证心理治疗的效果。罗杰斯珍视"实证性验证"的重要性，并且在衡量来访者中心疗法是否有效的过程中，竭尽全力地去追求客观性。他会将心理咨询的过程记录下来，提供文字记录，并且将来访者中心疗法划分成若干具体的、可以教导的技术。他非常注重将心理咨询过程的神秘面纱揭开，经常会在大量观众面前展示自己的咨询过程，治疗对象也是那些的确受到心理障碍困扰的志愿者。他将这些活动称为*"展示访谈"*，并将它们视作治疗关系的真实写照。

晚年的罗杰斯开始将自己的技术应用到更广阔的群体之中，包括那些在美国之外卷入种族冲突或者宗教冲突之中的人们。这些心理干预活动让他去到了南非和贝尔法斯特。一种有治愈作用的、个人对个人的交流方式，被应用到更大范围、发生激烈冲突的群体，意识到这一点，对于我们如何看待心理治疗是一个重要的突破，让我们知道，心理治疗的技术也有助于解决社会的问题。

重要影响

罗杰斯的人本主义心理治疗法——应用极其广泛，有时候被简称为“罗杰斯氏治疗”——影响了数代心理健康从业人员以及其他服务专业的人员，其中包括牧师。他的学术观点甚至拓展到了商业领域、会心团体①、冲突解决，以及敏感性训练。他对于科学研究的着重强调，也为后续数十年以实证手段验证心理治疗技术是否有效的研究奠定了坚实基础。

于我而言

譬如说，你有一个好朋友主动要求和你见面，谈一谈对他来说很重要的一个个人问题。不论这种请求的频率是高还是低，都说明你可能是一个有同理心的聆听者，你会进行眼神交流，提供既不含评判性又具有包容性的对话，并且会问他：“你认为自己要怎么解决这个问题？”

---

① 罗杰斯人本主义心理治疗方法之一，自我发展治疗和团体治疗的一种形式。即创造良好的人际环境使小组成员最大限度地利用个人潜能和团体互动作用，消除心理障碍和改变不良行为，达到自我实现。——编者注

而不是宣称："这才是你应该做的。"你可能没意识到，你已经在采取罗杰斯式的咨询方法了，也就是说，为了切实帮助他人，你需要完全投入到那个时刻中去，要与他们的感受建立起联系，甚至要在某种程度上对他们的情绪感同身受。只要人们知道你无条件地爱着他们并且尊重他们，你就能够帮助他们做出最佳的选择、成为最好的自我。

笔者同样是一名临床心理咨询师，我经常会与潜在的客户通上约三十分钟的电话，他们一般都处于情绪痛苦状态之中。我会了解他的过去，衡量他的压力程度，回答他提出的问题，并且确定我是否适合为他提供咨询，以及我们的目标将会是什么。如果一切顺利，那么我们就会安排第一次面对面咨询的日程。但是，绝大多数情况下，在电话交谈和第一次面对面咨询之间，会发生一些有趣的事情：这位潜在客户的情绪状态总是会有所提升，具体来说，就是心理疾病的症状有所减少，并且客户已经意识到，事情其实并没有看起来那样严重。莫非是笔者在电话里的声音充满了魔力？当然不是。那是卡尔·罗杰斯的理论在现实生活中的实际体现。我给了那个人希望。我让那位潜在的客户知道，我们两个人是并肩战斗的。我向那个人表明，我很关心他，我会随时帮助他，而且他对我而言是具有价值的。我聆听了，而且我没有妄自评判。我接受并且认同这个人的情绪体验，同时也表明我不会避而远之。不论客户是受苦于抑郁或者饮食障碍或者焦虑或者其他任何问题，我们还有很多事情需要做。但是，作为人类，我们两人之间已经建立起了联系——这种事情非常重要，也十分美妙，它恰恰是卡尔·罗杰斯最伟大的遗产。

维吉尼亚·萨提亚
Virginia Satir

生于1916年，出生地：威斯康星州，尼尔斯维尔。
卒于1988年，逝世地：加利福尼亚州，门洛帕克。
毕业于威斯康星大学与芝加哥大学。

核心思想

作为一名社会工作者，维吉尼亚·萨提亚（Virginia Satir）是家庭治疗领域的先驱。她基本上改变了我们原有的若干想法，让我们以全新的方式去思考家庭，及其在心理问题的产生与治愈中所扮演的角色。

萨提亚的很多治疗技术是在心理研究学院得以研究并发展的，该学院位于加利福尼亚州的帕罗奥多，萨提亚自1959年该学院建立之初即参与其中。她在职业早期是一名私人从业医师，彼时她已经注意到，将家庭成员引入个体的治疗过程能够取得非常好的效果。1962年，她成为该学院的培训主管，负责人类史上第一个家庭治疗培训项目。萨提亚相信，人类的痛苦很少会凭空出现，一般都与家庭内部环境之中所存在的问题息息相关。之前的咨询师，仅仅是单纯地批评家长过往的行为导致了来访者现在的问题，但是萨提亚认为，过往的混乱家庭关系之后依然将发挥作用。在某些案例中，她甚至感觉到，或许根本不存在任何个体的问题，而是不同个体之间的共处方式出现了问题。

萨提亚的家庭治疗方式多种多样，从“为家庭成员提供基本的沟通技巧”，“为家庭成员创建一处安全的空间”，到“帮助家庭成员面对并且探索深层次的痛苦与创伤”，不一而足。她的所有干预手段聚焦在家庭成员要接受并且理解当下，同时努力去追求成长和改变。如同人本主义疗法的从业者一样，萨提亚相信人们无论处于人生的哪个阶段都能够做到上述这一点。她率先开发出了若干心理治疗技术，如角色扮演、家庭露营——利用周末或者更长一段时间，在野外开展家庭治疗。萨提亚后来逐渐将家庭视作一个微观世界，她相信，来自家庭疗法的技术和哲学思想可以在广阔世界中有所作为。

萨提亚还尤其强调“自尊”的重要性。她是一名“当下”技术（包括肯定法和可视化法）的早期探索人，也是冥想的支持者。她在1975年出版的一本小书《自尊》（*Self-Esteem*）读起来宛若诗篇，开篇即为：“我就是我。世界虽大，却无一人与我相似。”数十年来，阅读该书的读者不计其数，他们希望能够接受自己全部的缺点，找到自身不断成长的动力。

在实践层面上，萨提亚的治疗技术还十分强调，咨询师应该区分出哪些是**“表征问题”**（如失眠、易怒、约会问题、与老板发生冲突），哪些是深层次的问题（如抑郁、创伤性事件、不正常的人际关系模式），后者或许是更加重要的。萨提亚说道，咨询师的职责，就是要帮助人们发现并且理解：在促使他们走入咨询室的问题背后，是那些更加具有根本性的问题，它们或许才是痛苦的根源。

萨提亚还指出，科学可以开发出各种各样的咨询技术，但是，如果人们无法接触到这些技术，这些技术也发挥不了作用。她大力推动心理治疗网络的创建，加强对咨询师进行培训，并将这些心理治疗技术推广到过去从未涉足的地方。的确，萨提亚的技术最终传播到了全世界，直到她生命的最后一刻，她都在孜孜不倦地培训来自全世界的咨询师。她是一名彻彻底底的导师，而家庭治疗——其重要性、操作方法以及实际意义——就是她最为伟大的一堂课程。

重要影响

诸多不同风格的家庭治疗技术都起源于萨提亚的学术成果，家庭治疗本身已经成为一种专长，某些咨询师甚至专门从事家庭治疗，这无不说明该疗法需求强劲而且具有极端重要性。“萨提亚改变流程模型”将成长与改变的架构拓展至管理，并被应用于商业领域。

于我而言

假设你最好的一个朋友找到你，跟你抱怨她的婚姻。她感到自己十分受挫，而且没有人把她当回事，她还说当她监督丈夫做家务时，她的丈夫曾经表达过不满之情。她说她已经开始感到抑郁了，而她的丈夫也越来越易怒了。你非常了解你的朋友，也熟识她的丈夫，而且你也非常喜欢与他们两个人单独相处。你还知道，他们两人彼此深爱着对方，经历过很多风风雨雨，还共同照顾着两个年龄较小的孩子。你参加过他们的婚礼，一直认为他们是一对可以走得很长久的夫妻；你曾经佩服他们，也羡慕他们能为婚姻带来如此之多的甜蜜。

他们到底出现了什么问题？他们两个人，单独来说，做错了什么事吗？不论是独处还是共处，他们都必然会被某些心理障碍所困，从而做出自我妨碍或者不健康的行为吗？简而言之，两个心理健康的人会陷入一段不健康的人际关系之中吗？这种情况会发生在家庭内部吗？

答案是肯定的，千真万确。在上述情境中，你或许应该督促你的朋友们共同解决问题，鼓励他们夫妻二人考虑一下同时去看心理咨询师。你或许要尽力克制自己，不要偏袒任何一方，也不要判定他们的行为是病态的。你反而要帮助他们，提醒他们可以在他人的帮助下改善沟通模式、在日常生活中对另外一方持有合理的期待。两个人可能都没有错，错的是他们互动的方式，这一观点在今天看来似乎理所当然。但是社会大众之所以能够广泛接受这一理念，必须直接归功于维吉尼亚·萨提亚的早期工作。

为了进一步展现萨提亚感兴趣的领域，我们可以将这个例子进一步拓展。譬如说，经过了解，原来你的朋友的母亲去年过世，母亲生前为了抚养她而牺牲很多，因为在那个年代，一个尽职尽责的母亲必然要在职场上收敛自己的雄心壮志。你的朋友不仅悲恸万分，同时还在重新评价她自己的生活——她十分担心，而且过度分析了自己所做的选择和牺牲，不知道自己是否有一天也会像母亲一样追悔莫及，反复纠结于很早以前就已经做出的“不去上法学院”的决定，而她的丈夫总是忘记把盘子放在洗涤池里，这让她非常恼怒。当然了，她在和丈夫第一次去见心理咨询师的时候完全不会提到上述情况，因为她自己都还没有去面对这些深层次的问题。相反，她只会说出一些更加表层的问题，比如丈夫将她的劳动视作理所应当等。但是，一名技艺精湛的咨询师，比如维吉尼亚·萨提亚，只要假以时日，总是能够挖掘出深藏不露的问题根源。

认知心理学

归根结底，大脑就是一架思考机器。在我们的语言中，基本上每一个涉及大脑的表达都认可这一点，比如“脑筋比较好”（或者，大家都不愿意听到的，“脑子不好使”）。你不会首先将大脑认定为一种感觉器官，虽然，情绪的体验无疑与理智的思考同样重要。你也不会认为大脑的主要作用是影响行为，虽然，正如本书在“行为主义心理学”一部分所详细阐释的，在很多时候大脑能够对行为施加影响。不论如何，当我们想到大脑时，首先映入脑海的，就是“大脑乃思想的司令部”。

所以，正是“思想”本身让认知心理学家“着迷”。具体而言就包括，我们的思想是如何出现的？是什么东西促使我们的想法产生，改变着这些想法，并且使得这些想法能够如此强烈地影响我们的情绪和行为呢？我们的头脑如何创造记忆，我们如何针对事情作出决策，譬如晚饭想要吃什么，又或者在选举政治领袖时应该相信谁？智力的作用是什么，我们的身体内部在学习过程中究竟发生了什么，另外，思想又如何与情绪、习惯和不正常的行为产生联系呢？思想与人类体验的方方面面都息息相关，是我们的知觉和意识的基本组成部分。在心理学领域，对于思想进行思考最多的或许就是认知心理学家。

阿尔弗雷德·比奈
Alfred Binet

生于1857年，出生地：法国，尼斯。
卒于1911年，逝世地：法国，巴黎。
毕业于索邦大学与萨尔贝提耶医院。

核心思想

阿尔弗雷德·比奈是智力测验领域的一名先驱，至今仍然被广被使用的某些智力测验版本——距其出现已经一百多年——仍然以其姓氏命名。大多数情况下，他之所以对心理测验和个体差异感兴趣，都来自他两个女儿的成长与发展，两个女儿相差两岁，给了他很多启发。

在比奈的同时代，其他针对个体的智力测验同样存在。弗兰西斯·高尔顿（Francis Galton）与詹姆斯·麦基恩·卡特尔（James McKeen Cattell）根据自身的理念开发了心理测试。但是，由于比奈的研究，智力测验的发展才突飞猛进，同时，对于智力的定义方面，学界亦倾向于将其视作一种整体的特质，可以通过个体在多个领域的表现对其加以衡量。

当时，法国公共教育系统开始实施强制入学政策，由此需要大范围的智力测验。学校的官员希望能够鉴别出那些无法跟上课业进程的学生，以便确认是否应该将他们送入特殊教育学校或者特殊教育项目。他们选择了比奈，让他来应对这一挑战。1905年，他开发出了自己的第一套测试，其中包括三十个任务，难度跨度较大。测试的行为包罗万象，其中既包括使用目光追随光点的能力（这是非常简单的任务），也包括极其困难的句子填充任务。比奈的目标是希望这个测试能够成为一种客观且实证的方法，从而有效鉴别出那些学习迟缓者，以及患有严重智力障碍的个体。

令比奈的智力测验在时间考验中脱颖而出的法宝，是他对于“常模”的使用，常模即大范围数据的平均值[①]。参加测试的人数越多，收集到的数据就越多。而数据越多，即可使得统计分析的基础更加牢靠，个体的测验结果也就具有了更加丰富的背景和意义。设想，你和两位同事进行比赛，看看谁能记住更多位数的数字串。不论你的最终排名是第一、第二抑或第三名，你都必然能够对自己的记忆能力有一个深入的认识。只不过，倘若你的同事恰巧都是天才——或者都是健忘症患者呢？现在，请再设想，假设把同样的记忆测验标准化，然后找来一万人进行测试，参加测验的人能够代表各种各样的美国成年人。如此，则你的排名——这时候你不再是与两个人进行比较，而是参照其他九千九百九十九人的结果确定排名——看起来用处就更大了，对吗？

所以，比奈逐渐增加了测验的长度，同时不断对其加以调整，从而反映出他正在做的研究。随着时间的推移，他积累了一整套常模，涵盖了不同年龄段的多种行为表现类别，这使得他不仅能够识别出某些学生存在着明显的缺点并需要进入特殊教育学校学习，还能够极其精准地确定其智力水平。最终，比奈找出了一种方法，可以将任一个

① 用于比较和解释测验结果时的参照分数标准。——编者注

体儿童的表现与其所属年龄段的“平均”儿童作对比。看图学“画”，识别硬币并且找零钱，注意到言语中存在的错误——比奈的测验衡量了心智功能的不同领域，汇总分数则能够大体反映出一个人的总体智力水平。比奈测验的结果与教师测量得出的学生智力分数高度相关，进一步说明其有效性。

测验中的多项任务组成了一个阶梯，个体必须逐级通过各个子测验。一个儿童能够在阶梯上攀爬到哪里，在理论上能够反映出他的智力水平，而且会被视作他的“心智年龄”。比奈认为，在儿童完全成熟之前，智力都会逐年提升。随后，威廉·斯特恩（William Stern）率先提出了“智商”（简称IQ）的概念，其最基础的形式，就是一个人心智年龄与实际生理年龄之比。

比奈认为，一个儿童应该仅仅同与之背景相类似的其他儿童进行对比，原因在于，他认为基因和环境同样会对总体智力产生影响。最终，他的测验得以拓展，将成年人涵盖其中，随后的一百多年间，他的学术成果成功塑造了心理测验的重要角色。

重要影响

比奈最初的测验最终演化为“比奈—西蒙智力量表”，由其学生西奥多·西蒙（Theodore Simon）修订。该量表随后进入美国，刘易斯·特尔曼（Lewis Terman）将其整合入“斯坦福—比奈智力量表”之中，至今该量表已经更新至第五版。比奈十分重视智力的量化测试，以及更广泛的心理评估，由此他开创了一个全新领域——心理特征量化——的探究。比奈在认知发展领域的发现同样影响到了许多知名发展心理学家，其中就包括让·皮亚杰。比奈的研究成果，为运用心理测验解决实际世界中的问题树立了标杆。比奈所处的时代早于行为主义者，因此他的实证化研究也预示着后者对于精准量化之重要性的信念。

于我而言

读者或许从少年时代开始即真切地了解自己在智力上的相对优势和相对劣势。但是你或许会感到吃惊。你真正认为自己所擅长的东西，可能并非你实际上擅长的，又或者你可能会比自己所认为的更加聪明或更不聪明。那么，究竟什么才是智力呢？我们倾向于认为“聪明”是某一个特征，而非一个复杂的特征组合。如果忽略智力的其他类型，比如在比奈之后出现的情绪智力、运动智力、艺术智力等，只谈到心智方面的能力，你仍然能发现心智聪明的表现方式多种多样。在中学阶段赢得拼字比赛会的人，被称作“数学大师”的人，毫无失误迅速解开魔方的人，这些人在其他领域就一定是聪明绝顶的吗？

如果你曾经做过带有子量表的智力测试，如比奈测验，那么在比较自己与他人的相对优势和相对劣势时，是非常有意思的。你的视觉空间推理能力如何？你是不是那种能够马上想出如何将家里的不同行李箱放到SUV后备箱中的人？又或者，你是不是那种人——在组装宜家家具时，直到接近最后一步，才发现旁边的一大片木板早就应该安装上，否则抽屉就无法组装成？

你的工作记忆——也就是大脑的“剪切板”——的功能怎么样？或许你刚刚在五分钟前修改了自己的密码（这已经是第十九次了），但是，此刻，当你在另外一台设备上登录时，你又把密码忘记了？听起来很耳熟吗？良好的工作记忆能够帮助我们按照大脑所记忆的方向驾驶，帮助我们一边与刚刚遇到的两位陌生人寒暄，一边记住他们的名字。这些能力在人群中的差异程度极其巨大。

不妨让我们以量化推理为例。其中当然涉及数学能力，但这并不等同于你要将乘法表格背诵到二十，或者是记住计算三角形余弦值的具体公式。相反，量化推理指的是使用数字解决问题的先天倾向。你能否在三十周岁生日的当天，自然而然并且下意识地认识到，当天并非你人生第三十年的起始，反而是人生第三十一年的第一天？（毕竟，在你呱呱坠地的时候，你还不是一周岁。）你能否在“糖果机大赛”中准确估计糖果的数目，又是否能够迅速判断出哪个足球运动场能够容纳更多的观众？如果答案是肯定的，那么你的量化推理能力可能就会很强，即便你在数学课堂上总是心不在焉。

当然，如果我们心神分散，压力较大，睡眠不足，或者处于抑郁状态，我们的专注力以及思考与记忆的能力会大幅减弱。这在实际进行智力测验的时候也会发生。

对于某些人而言，不同智力子类型之间的差异极其巨大，以至于他们在自己的弱势领域甚至已经达到了学习障碍的程度。某些人在某一领域智力极高，但是在另一领域则相对较弱，两者产生了强烈的对比。当家长或者教师为孩子的学习能力感到担心时，多数会寻求智力测验的帮助。确定出智力子类型之间的相对差异，有助于针对个体特点制定特殊的学习计划，最大限度地提升学习效果。这其实形成了一个完美的轮转，又返回到了一百多年之前比奈设计测验时的初心，那就是解决法国在校儿童的学习问题。

乌尔里克 · 奈瑟尔
Ulric Neisser

生于1928年，出生地：德国，基尔。
卒于2012年，逝世地：纽约州，伊萨卡。
毕业于哈佛大学与斯沃斯莫尔学院。

核心思想

很多人将乌尔里克·奈瑟尔（昵称迪克）视作认知心理学的创始人。他的两本最有名的著作——《认知心理学》(*Cognitve Psychology*)，出版于1967年；以及《认知与现实》(*Cognition and Reality*)，出版于1976年——开辟出了一个关注"思想及记忆"之"测量与科学"的全新舞台，对于仅仅满足于对人类行为原因进行解释的行为主义心理学而言，这两本书被视作其"棺木"上的一个巨大的铁钉。

虽然哲学家和早期心理学家数百年来一直在推测思想的本质，但却只有认知心理学将思想带入实验室的领域。"心理过程与行为一样，能够被精准地测量"，这一理念在认知心理学出现之后才得以牢固树立。奈瑟尔所处的时代，出现了全新的科学方式去观察、测量并且量化认知过程，正因如此，他所开创的科研工作，才能够摆脱单纯使用理论分析和内省法的局限与桎梏，转而利用其他手段去理解人类的思维过程究竟奥妙何在。

奈瑟尔的专长主要体现在记忆领域。他提出的理论认为，记忆并不是仅仅针对某一时刻留下确切的、静止的快照，而是在事后对于事件进行心理重构。记忆本身可能会被蒙上各种各样的心理色彩。这是一个极其重要的概念，因为它开启了一扇大门，科学家由此开始研究人类的记忆会有多么的不准确，并且探索我们应该如何对其予以纠正。它还从根本上改变了我们思考记忆的方式——回忆的环境或许与记忆形成的环境同样重要。我们的心灵并非完美的录音机，而且我们更容易记住我们对于某一事件的记忆，而非记住这一事件本身。不精准性是很容易乘虚而入的。奈瑟尔证明，记忆形成的过程，以及我们形成记忆的背景，在心理层面上的意义，与我们对被记忆事件的最初体验同样重要。

奈瑟尔将“记忆”和“经历”视为一个互动循环的组成部分。他提出，我们的“图式”，亦即我们用于理解并且组织所处环境的心理建构，会直接影响到我们的行为。同时，我们所经历的体验又会反过来进一步修正我们的图式。这些过程会以无限循环的方式不断重复。

奈瑟尔最值得一提的科研成果即所谓的**“闪光灯记忆”**。这一术语指的是我们对于生活中那些最为重要、最富情绪性的时刻的图像记忆，这些记忆通常是非常强烈的。先前的学者认为，大脑在上述情绪性事件发生期间，会迅速将这些重要的分分秒秒印刻到记忆当中。但是奈瑟尔却挑战了这一观点，他提出假设认为，闪光灯记忆之所以更加清晰明了，仅仅是因为我们对于自身经历的讲述以及复述；而且，闪光灯记忆与其他日常记忆相比，从本质上而言并无形式上或者强度上的差异。他用坚实的数据支持了自己的观点，研究结果表明，闪光灯记忆虽然非常强烈并且细节丰富，但是实际上并非十分精准。

奈瑟尔以**“情节记忆”**（episodic memory）为基础创造出一个双关语：**“混乱记忆”**（repisodic memory）。情节记忆从本质上具有自传属性：二十一岁生日那天你是在哪里度过的？**“语义记忆”**与我们所学习过的事实或者知识相关，但是并不直接与我们的经历相联系：说出美国五个州的首府！而混乱记忆是指没有发生过但我们却似乎能够回忆起的事件。这些在我们头脑中以某种方式被创造出来的事件，一般而言与我们日常经历过的事件较为相似，所以，它们并非没有出处的。它们是我们编造的吗？不是。但是它们与我们的图式——我们对于发生在我们身上的事件的总体概念——极其一致，看起来非常吻合，正因如此，我们填补了回忆中的种种缝隙，并且产生了这些错误的记忆。奈瑟尔证明，在某些情况下，我们还会误将一系列事件混合成为一个单独的记忆。

最后，奈瑟尔还以选择性注意和选择性知觉为主题，开展了很多有趣的研究。他证明，当我们没有对某事予以特别的注意时，我们不仅无法记住它，甚至从一开始就无法注意到该事件特别重要且极不寻常的方方面面。所以，背景因素不仅会影响我们的记忆，还会影响我们从一开始对于记忆时刻的整体知觉。

关键实验

奈瑟尔最为人所知的实验，发表于1992年，目的是探索闪光灯记忆的准确程度，具体方法是请大学生回忆“挑战者”号太空飞船的灾难性事件。1986年，悲剧发生的第二天，奈瑟尔召集了106名本科生填写调查问卷，请他们说明知晓此事件的时间与地点，通过何种途径了解了该事件，当时他们跟谁在一起，当时他们在做什么，以及具体的时间是什么时候。考虑到这次调查发生在事件发生不久之后，所以其结果可以作为基线，并可视作关于该事件的准确回忆。不到三年之后，他请同样的学生再次填写了调查问卷（共有44人作答），并且需要评价自己对于回忆精准度的信心高低。结果表明，只有百分之七的学生完全精准地回忆了该事件；百分之六十八的学生的回忆中同时包含有准确的部分和不准确的部分；还有百分之二十五的学生的回忆是完全不准确的。此外，总体而言，超过百分之九十的学生的记忆中包括至少一处特别严重的错误。而且，最糟糕的是，那些回忆完全错误的学生，自信程度与回忆完全准确的学生不相上下。当给作答者同时呈现两份问卷结果时，没有一名作答者的回忆因此而变得更加清晰，也没有人完全转回到最初的回答结果上去。作答者会因为自己在生命的两个不同阶段讲述的故事有所不同而略微感到沮丧，但是仍然固守自己的错误记忆。

重要影响

奈瑟尔的研究直接启发了后世的记忆研究者，其中就包括伊丽莎白·菲尔普斯（Elizabeth Phelps），她进一步探索了情绪与记忆之间的交互作用，并且随后开展了诸多闪光灯记忆的纵向研究[①]，譬如，其中一项研究就与“9·11”事件相关，菲尔普斯与很多学者都参与其中。奈瑟尔构建了认知心理学的学派基础，这又催生出行为神经科学（将

① 是指在一段相对长的时间内对同一个或同一批被试进行重复的研究。——编者注

生理学的发现与认知心理学结合起来）与认知科学（从心理学延伸出来，涵盖语言学、哲学与计算机科学）等跨学科领域。

于我而言

你的头脑中可能就存储着闪光灯记忆，涵盖了不同的人生阶段。其中某些时刻或许对于世界上千百万人都非常重要：针对罗纳德·里根总统的未遂行刺；迈克尔·杰克逊的溘然长逝；2001年9月11日播出的惨痛新闻。还有一些可能是非常私人的记忆：当你向自己挚爱的配偶求婚时；当你发现自己在律师事务所成功地找到了合伙人时；当你接到一通急电，得知自己的父亲突发心脏病时。不论这些记忆属于私人所有还是社会共享，很有可能你都曾经反复讲述过它们——当时你在哪里，或者在那个关键时刻你正在干什么。而且，在事件本身发生不久之后，你的讲述就可能已经开始了。大家共同讨论自己对于那些决定人生之时刻的体验，这能够将人们凝聚起来。

只不过，尽管你感觉这些事件已经刻录进自己的记忆之中，尽管你觉得每一次讲述不过是将确切的、未曾改变的细节向不同听众诉说，但是，你是否曾经思考过，在每一次讲述故事的时候，你其实都已经与真相渐行渐远了呢？很可能，对于某些听众，你会忽略掉某些事实，甚至还会额外加入关键的细节。所以，下一次你再讲述同一事件时，这个故事就已经发生了轻微的改变，这并不是因为你在说谎，而是因为你在对上一次的讲述进行回忆的同时，也在重新建构叙事。

或许，你发现了自己的旧日记本，里面记述了事件刚刚发生之后你的回忆，这是一种令人感觉十分不真实的奇妙体验。你会惊诧地发

现，这么多年以来，你所回忆出的事件和最初的记叙非常不同，虽然你所有的知觉确实出自真情实感。当然，记忆中出现不经意的错误，完全不同于为了夸大事实或者自我标榜而蓄意编造回忆。试以美国全国广播公司（NBC）的布莱恩·威廉姆斯（Brian Williams）所引发的争议为例。他曾反复声称，自己在伊拉克所乘坐的军用直升飞机因被火箭筒击中而迫降。2015年1月，在他反反复复讲述这个故事之后，当时同样身处现场的人观看了他的电视节目，并提出了质疑：被击落的直升机是威廉姆斯所乘直升机前面的那架，威廉姆斯所乘的直升机并未受到影响。威廉姆斯马上被停职，最终也失去了晚间新闻主播的职务，但是，他从来没有明确承认自己之前是在处心积虑地伪造故事。他的道歉中只有“我讲的故事是错的”或者“我记错了这件事”的语句。之后，又陆续曝出更多关于他的新闻报道与实际情况不符的案例，尽管如此，我们仍然无法完全确认他之前确实是在撒谎。回首多年来他对于直升机事件的反复讲述，你会发现，他讲述这个事件所发生的偏差，是将他置于更靠近事件核心的位置。他是为了塑造自己高大勇武的形象而伪造事实吗？他是一点一点地让这个故事变得愈加精彩，而且没有被观众发现破绽吗？或者，这只是一个逐渐与真实体验出现偏离的不准确的闪光灯记忆呢？或许答案是两者兼而有之吧。

阿尔伯特 · 班杜拉
Albert　Bandura

生于1924年，出生地：加拿大，阿尔伯塔省，蒙代尔镇
毕业于不列颠哥伦比亚大学与爱荷华大学。

核心思想

阿尔伯特·班杜拉的理论横跨社会心理学、认知心理学和人格心理学等学科，甚至还延伸到了心理治疗领域。他最为人所熟知的身份，是**“社会学习理论”**的创始人。该理论指出，绝大多数人类行为——包括攻击行为——都是通过示范与模仿而习得的。班杜拉后来称其为*“社会认知理论”*。该理论属于交互决定论的一种，认为环境是行为出现的原因，而行为也会同时影响环境，个体的个性乃是环境、行为以及认知过程三者发生交互作用的产物。

行为主义者强调指出，如果某一行为要出现或者得到重复，必须要存在强化条件。但是班杜拉却观察到，即便我们没有被直接予以奖赏，亦通常会出现某些行为。具体而言，我们可能会模仿其他人曾经采取的行为。班杜拉认为，这种**“社会模仿”**包括四个成分：注意、保留、再生以及动机。

“注意”的定义清晰明了：为了能够观察到某一事物，我们必须要对其予以注意。当然，我们对于某一事物所给予的注意强度，可能完全取决于我们自身的变量（我们是否疲惫？是否全神贯注？是否心

情沮丧？)，亦可能会被我们所观察的行为所影响，包括行为主体是什么人：这个人是否出类拔萃？他是否具有吸引力？她是否非常有能力？在我们眼中对方与我们相似吗？所有这些因素，都会强烈地影响我们的注意力程度高低。

下一步是“保留”：即我们记录并且回忆注意内容的过程。我们或许会创造出自己独特的记录记忆方法，用于分类并且总结观察到的行为，以便日后加以使用。

“再生”主要指的是个体实际的模仿行为，主要取决于个体的能力高低。模仿他人转动门把手可能只需一念之间；但是模仿别人翻烙松饼则需长达数周的练习。还有一些行为——比如在尊巴舞课堂上优雅自如地舞步翻飞，有读者能做到吗？或许这对于你来说永远都是天方夜谭、遥不可及。

班杜拉认为，模仿行为的最后一个成分，就是“动机”。行为主义者当然认为动机会导致行为出现。班杜拉则认为，我们只要通过观察就可以学习行为，但是动机对于模仿则是必不可少的。动机的形式包括积极强化以及惩罚。社会学习理论之所以与行为主义不同，在于班杜拉认为：不仅发生在过去的强化或者惩罚可以作为激励因素，未来的强化或者惩罚，甚至“替代性强化”——仅仅是看到其他人得到强化或者惩罚，也可以作为激励因素。和行为主义者一样，班杜拉也认为积极强化一般要比惩罚更有效力。

班杜拉最具开创性的实验主要与“攻击行为的动机”相关。他发现，仅仅是观察其他人采取攻击行为，也会促使我们自己采取攻击行为。那么，如果模仿攻击的冲动无处不在，我们是如何学会调节自身行为的呢？班杜拉提出的假设认为，自我调控的过程主要包括自我观察、判断以及自我反应。我们会审视自身的行为，然后将其与其他人的行为进行对比，最后再决定我们应该如何奖励或者惩罚自己。与之相关联的是班杜拉所提出的**“自我效能”**这一概念，即我们因为相信自己能够应对某一特定情境并且按照自己的意愿采取行为，所产生的效果。该概念与自尊和自我价值有所不同，后两者主要关注的是我们对于自己作为一个个体的整体态度。

最后，班杜拉还致力于将社会模仿以恰当的方式应用于心理治疗当中。**自我控制疗法**的主要思路是，为了使来访者克服不良习惯，需要绘制行为图表，使来访者能够细致地检验自身行为的细节，与自己定下契约，同时改变自己的环境，从而帮助自己修正不合理的行为模式。在**模仿疗法**中，那些对于特定事物怀有恐惧的病人需要观看录像，而录像内容则是一个人虽然刚开始非常害怕蛇，但是他勇敢地逐渐接近蛇，最后甚至能够把蛇缠绕到自己的脖子上。

关键实验

班杜拉的“波波玩偶实验”（Bobo doll experiment，1961年）及其后续研究在心理学中久负盛名，它们深刻地表明，攻击行为通常是经由模仿而来的。（顺带一提，所谓波波玩偶，是当时非常流行的一种玩具，由可充气的乙烯基塑料制成的玩偶，一般几英尺高，底座比较重。这也意味着，当波波被击打之后，“他”会迅速弹回，恢复到直立位置。）参加实验的是斯坦福大学幼儿园的36名学龄前男童和36名学龄前女童。这些孩子全部超过3岁半，但都没有超过6岁，实验前对他们进行了测试，得出了他们天生的攻击性水平。（值得一提的是，这些孩子的种族、民族以及所属社会经济阶层并未记录在案，一般认为，班杜拉实验中的孩子主要都是白人，而且社会经济地位相对较高。这也成了部分学者批评他的实验结果的口实。后续还有研究者批评指出，班杜拉没有考虑到孩子们对于波波玩偶的熟悉程度，孩子们对波波玩偶究竟是十分熟悉或者完全陌生，也会影响到他们对于波波玩偶的攻击性。）

原本的实验包括三组儿童和三个条件：一组孩子观看的画面中包含攻击性的互动过程；一组孩子观看的画面中是非攻击性的互动过程；还有一组作为控制组，儿童观看的画面中完全没有任何互动过程。各个组都是均等化分的，各包括24名儿童（其中12名女童、12名男童）。除此之外，这个实验还使用了配对设计，攻击性水平相似的儿童被分在一组。

观看攻击性互动过程的孩子，看到的画面是一名男性或者女性的成年演员（他们被称作“行为模范”）对着波波玩偶暴力相向，长度约为10分钟。行为模范对波波玩偶不仅拳打脚踢，口头上也是恶语相加，他们使用不同的方法攻击玩偶——一边说着“砰！”或者“打你！”或者“嘭！”，一边把玩偶摔向空中，甚至还会用锤子去捶打玩偶。观看非攻击性互动过程的孩子，看到的画面则是一名男性或者女性的成年演员，在波波玩偶旁边摆弄万能工具，但是不理会波波玩偶。而控制组的儿童，观看的画面中当然完全不含任何行为模范或者互动过程。在儿童观看完互动过程之后，再将其置于控制条件之下，班杜拉发现，那些观看过攻击性互动的儿童不仅自身展现出更多的攻击性，而且也更加倾向于模仿曾经观看到的针对波波玩偶的攻击性行为。与女孩相比，男孩更有可能去模仿同性别的行为模范。男孩在身体上的攻击性行为比女孩更多，但是在言语攻击性上并不存在性别差异。在该实验的后续版本中，班杜拉让儿童观看了现实生活中的行为模范、电影人物模范以及电影卡通角色（小猫）模范的攻击行为，然后发现，在同样受控的条件下，那些观察到攻击性互动的儿童，与控制组中的儿童相比，攻击性显著更强。班杜拉还探讨了行为模范是被惩罚、被奖赏抑或毫不被人理睬是否会影响儿童后期的攻击行为。他发现，这对攻击行为的学习并不存在影响（儿童还是会学习观看到的攻击行为），但是会影响儿童自行采取攻击行为的动机（在行为模范被奖赏时，儿童更容易自发地模仿攻击行为）。

重要影响

班杜拉的理论——是认知革命的一部分，该理论强调，对于外部事件的解释，也能够构成个体采取某些行为的驱动力——在将行为心理学从心理学领域的王者地位上罢黜下来的过程中“助”了一臂之力。他观察行为的方法对社会心理学产生了巨大的影响，甚至也影响到了人格心理学。正因如此，很多学者认为，他是在世的最伟大的心理学家。

于我而言

很自然，关于攻击的本质以及其如何得到模仿这些问题，学界始终充满争议——尤其是在当今这个时代，我们不仅会在屏幕上观看到暴力，而且还能通过电子游戏参与到模拟暴力之中。诸多研究（在班杜拉的研究之后，相关成果如雨后春笋般出现）都显示，在观看暴力场景之后，我们的行为会更加具有暴力性——也就是说，在被暴露于暴力之后，我们也更加倾向于采取暴力行为。有个别人提出，“电子游戏可从来没有伤害‘我’啊！”，没有任何一项研究表明现实生活环境中的每一个人都会因为暴露于暴力之中而受到同样的影响。与绝大多数科学研究相同，关于攻击性的心理学研究的着眼点，是可能性。它们并不会针对某一具体个体，或者个体的生活，或者个体的气质，又或者个体的经历进行确切的判断。它们只不过是在搜寻数据的整体趋势而已。并不是每一个抽烟的人都会得癌症，也不是每一个不系安全带开车的人都

会在车祸中遇难。但这丝毫不会影响我们对于这些风险因素的认知。不妨思考一下我们通过观察而养成的习惯——我们使用某些短语，因为朋友就这么说；我们穿着某些衣服，因为模特穿它们的时候特别漂亮；我们参与某项运动，因为我们的父亲在高中时也是这个项目的高手。还有消极方面的——我们在学校校车上学会的脏话；我们受祖父辈影响而持有的种族主义态度；我们盲目模仿姐姐去嘲笑体重较高的人。我们也本能地相信，很多行为都是通过我们的爱人、我们所受到的社会影响和我们的文化而习得的。毫无理由假设攻击性行为会不受这一规则的约束。

模仿疗法背后的概念同样与我们的日常生活息息相关。“如果我能做得到，那么你也能做得到！”你的朋友可能在准备五公里跑步训练时曾经对你这么说。而当你亲眼看着她虽然一开始步速缓慢，却将跑步融入自己的时间安排表当中，并且逐渐提高跑步的距离，你可能也会推测认为：自己同样能够跑完这个距离。当你和哥哥两个人一起去游乐园时，突然看到一个十分可怕的过山车，你对他说：“你先去。”然后，你就在地面上看到他在第二个高峰时向你竖起大拇指。在这两个情境中，观察他人——尤其是那些你认为与自己很相似的人——能够为你挑战新事物或者挑战自身恐惧，奠定坚实基础。当然，如果你的朋友是一名三项全能运动员和健身模特，她对你的鼓励可能就不会那么有效果了。不过，按照班杜拉的研究结果，如果你认为某人和你很相似，你就会对他的行为更加注意，也会更多地进行模仿。某个人大概拥有和你相同的恐惧，但是却克服了它，此一事实使得这个人成了一名极具说服力的“啦啦队员”。

伊丽莎白 · 洛夫特斯
Elizabeth Loftus

生于1944年，出生地：加利福尼亚州，洛杉矶市。
毕业于斯坦福大学及加州大学洛杉矶分校。

核心思想

伊丽莎白 · 洛夫特斯，一位记忆领域的专家，在其学术生涯中，主要的研究课题是语义记忆的结构（回忆一下，语义记忆主要是事实性信息的存储和回忆）。在探索这些记忆存储方式的细微差别之中，洛夫特斯深感自己的研究结果亟须应用到现实世界中，由此开启了她对于目击证人证言的学术兴趣。

洛夫特斯完全颠覆了大众对于目击证人证词的固有想法。在她之前，我们已经知道，记忆是通过回忆进行重构的，并且可能会出现各种各样的谬误，但洛夫特斯却向我们表明：暴露于错误信息之下——尤其是当错误信息以“引导性问题”的形式出现时——能够大幅改变并且扭曲记忆。这就是所谓的**“误导信息效应”**，虽然它令人沮丧，但它却是过去数十年间认知心理学领域最重要的发现之一。

由于受他人的错误信息影响而产生错误的记忆，对此，洛夫特斯其实感同身受。洛夫特斯十四岁时，她的母亲不幸在游泳池溺亡。洛夫特斯四十岁时，一位叔叔告诉她，当时发现母亲尸体的正是洛夫特斯本人。洛夫特斯对于这些经历从来都没有过什么具体的记忆，但是，在叔叔与她交谈之后的几天，那些经历却时不时地浮现在她的脑海当中。不过，很快洛夫特斯的哥哥就给她打电话，告诉她这件事是叔叔记错了。洛夫特斯警觉地发现，自己的研究结果居然在自己身上得到了充分的体现——她切身感受到，一段关于创伤性事件的错误记忆，是如何被不真实地灌输到头脑当中的了。（请注意，这段错误记忆并不是对于特定事件的记忆不够精准。相反，它表现为一个人相信了一件从未发生过的事其实发生过。一个错误地记住了某一事件的人，会对该事件的发生十分肯定，而且不论有多少反面证据，他们都会极其认真地坚持认为那件事的确发生过。）

洛夫特斯开展的不同实验已经表明：在提出问题时，只要在对事件的文字描述过程中进行微小的改变，即可导致错误记忆的产生。举个例子，在一个人观看过一起车祸的录像之后，如果对他提问“你看到了‘*那个*’破损的前照灯吗”，相比于提问“你‘*是否*’看到了破损的前照灯”而言，更有可能诱发出前照灯已经破损的记忆（即便在视频中根本就没有破损的前照灯出现）。与之相类似，提问“两辆车‘猛撞’到一起时速度是多少”，相比于提问“两辆车‘碰撞’到一起时速度是多少”而言，被试估计的车速会显著更高。而且，“猛撞到一起”

这个短语也会诱发出车玻璃破碎的错误记忆，即便这一场景在视频中从来就没有出现过。

再举个例子，即便是某些被虐待的记忆，也可能是虚假的。当然了，真实的虐待案例确实是存在的。事实上，我们可以切合实际地合理推测：很多虐待案例都没有被揭露出来、受害者亦没有对外表达，而且，它们的数量要远远多于那些错误的虐待记忆的数量。但是，由于受虐待者极其敏感，所以使得洛夫特斯的科研工作陷入巨大的争议当中，而且，她还曾在很多广受公众关注的案件审理中出庭作证，其中包括泰德·邦迪连环杀人案、梅内德斯兄弟杀人案、山坡扼杀者案和俄克拉荷马城市人弹组织案等。有些时候，受害者的支持者和虐待幸存者会对洛夫特斯多加诽谤，因为他们认为洛夫特斯是在否定他们的经历。但是，我们必须要说明：洛夫特斯的科研结果的确表明，在某些情况下，错误记忆可能会产生；但是这并不是在否定虐待幸存者的真实经历，也不是在暗示那些报告出错误记忆的人是在主动且有目的性地撒谎。洛夫特斯的科研成果真正警示世人的一点在于：那些最为情绪化的，并且具有创伤性的记忆，并不是完全可靠的。

重要影响

伊丽莎白·洛夫特斯的工作在学术界之外也产生了巨大的冲击力，主要体现在案件审理中对于目击证人证词的看法上。很多冤假错案最后通过DNA鉴定才得以拨乱反正，而在前期的定罪过程中，都有目击证人的证词言之凿凿地发挥作用。洛夫特斯的工作使得案件审理中对于证人回忆内容的审核细致程度进一步提升，也启示学界接棒开展后续研究，去探讨人类记忆的脆弱性和不可靠性。

于我而言

请回想你最早的记忆。是两岁的时候？五岁的时候？还是十岁的时候？你能确切回想起来的是什么？譬如说，你能记起的是一个生日聚会，一条骨折的胳膊，或者是一个令人失望的圣诞节。或者，是你父母的离婚，又或者是一次去迪士尼世界的旅行。当你在大脑中想象这些经历的时候，你能够确定自己所记忆的东西完全属实吗？

或许你所记忆的并非经历本身，而是其他人所反复讲述的故事版本。或许你的家人逢人便讲述这个故事。或许你自己也曾经向其他人反复讲述这个故事。或者，对你而言，它已经成了个人叙述的一部分，以至于你真正能够记住的仅仅是这个故事的记忆，而非故事本身。

对于我们所有人而言，谈及我们是*“如何”*记住自己所记住的东西时，一个特别有趣的问题是，记录我们的生活，已经是一件高度模式化的事情。发博客，发短信，在脸书或者Instagram（图片分享应用）上发状态，在我们的手机里填满照片——所有这些活动，都是在创造数字化的叙述和记录，这对于老一辈来说，可以说是难以想象的。如果，按照洛夫特斯的观点，我们的记忆特别容易因为受到他人建议的影响而出现错误，那么，在当今这个时代，我们所能记忆的，会不会不完全是那些重要的事件本身，而是包含了越来越多的某些人对于这些事件的数字化讲述呢？信息时代的每一天，各种各样的图片都令我们目不暇接，其中甚至涵盖了生活中最细微的层面。一代人或者两代人之前，完全不值得进行影像记录的经历和事件，现在却占据了我们的图片收藏簿。而我们每次将这些图片上传到博客或者其他在线平台时，实质上，我们都是在原始经历的基础上增加了一层“扭曲”的滤镜。

洛夫特斯的研究成果告诉我们，毫无疑问，人类记忆存在着严重的缺陷，这种缺陷不仅仅体现在事件的细节或者某一特定时刻，甚至对于某些事件是否曾经发生过亦会出现误判。随着我们对于日常生活的记录逐渐呈现出指数型的增长，我们可能会好奇，究竟从何处着手，才能拨开迷雾，发现真实的记忆。

发展心理学

婴儿并不仅仅是缩小版的儿童，儿童亦并非缩小版的成年人。只要与婴儿和儿童共处一小段时间，就可以迅速地发现上述事实。那么，婴儿究竟是如何变成儿童的，儿童又是如何变成成年人的呢？不同年龄组个体的认知过程，究竟是存在本质上的差异，抑或仅仅是位于一个发展频谱上的不同位置呢？对于一个儿童而言，什么才是正常的发展进度呢？除此之外，一个咿咿呀呀、号啕大哭、随处便溺的“一小团”，在成为一名能够理性推理、表达情感、直立行走、侃侃而谈的成年人个体的过程中，究竟又受到了哪些生理影响和环境影响呢？

发展心理学家对于人类毕生发展过程中出现的变化很感兴趣。与其他心理学领域的专家相比，他们更加深刻地认识到不同的年龄段存在着不同的特征，而且，他们会对这些不同的特征进行观察并且量化，并进一步提出理论解释其出现的原因及导致的结果。某些情况下，*“发展心理学”*这一术语与*“儿童心理学”*被当作同义词使用。只不过，很多理论学家指出，发展这一过程并不是伴随着成年期到来就戛然而止的。发展心理学家已经开始去研究贯穿于我们生命中的生理性变化、认知性变化、情绪性变化及人际关系变化，其中某些变化呈现出普遍性的模式，还有一些则大幅受到文化的影响。而且他们会致力于去找寻是什么导致了这些不同的发展阶段出现，致力于去探索是哪些不同的因素让我们成为今日之我们，并且致力于去透彻地告诉我们人类一生中渐次出现的季节性变化。

让·皮亚杰
Jean Piaget

生于1896年，出生地：瑞士，纳沙泰尔。
卒于1980年，逝世地：瑞士，日内瓦。
毕业于纳沙泰尔大学与苏黎世大学。

核心思想

任何对于儿童发展感兴趣的人，不论是教师、咨询师还是专业医生，几乎都对让·皮亚杰（Jean Piaget）的大名如雷贯耳。皮亚杰的研究兴趣包括知识的起源，他将之称为“发生认识论”（genetic epistemology，请注意，“genetic”一词并不是指基因或者生物学，而是事物如何出现及发展）。皮亚杰的理念与早期的智力发展理论大相径庭，原因在于他认为随着年龄增长，智力的增长不仅仅是在量上，也在质上。而且，他坚持认为，智力的增长是以一种主动的方式，依赖于儿童与其所处环境之间的互动。此一理念通常被认为是反映一种**建构主义者**的思维方式。

图式——人类所使用的心理结构——是皮亚杰科研工作中的基本构成要素。人们用图式来理解我们的经历，并且帮助我们组织自身所处的环境，具体方式就是将我们的知觉和知识组织成为各种模式。（皮亚杰是将“图式”这一术语系统地应用在心理学领域中的第一人，图式在英文中原本拼写为schemes，后多拼写为schemas。）图式为我们创造了很多快捷路径，不过，它有些时候也会导致刻板印象出现。图式的呈现方式有很多，从“汽车有四个轮子”，到“如果我放开手中的玩具，它就会跌落”等。皮亚杰提出，在不同的发展阶段，会出现不同类别的图式。譬如，婴儿只能使用行为图式；一个物体只有呈现在婴儿眼前，并且被婴儿摆弄时，婴儿才觉得它是有意义的。另一方面，年龄稍大一点的儿童，则可以对物体进行认知操作，并且在头脑中形成图式去表征关于物体属性更具普遍性的规则。

皮亚杰提出，随着年龄增长，儿童将学习如何调整自己的图式，并不仅仅限于简单的合并，而是根据环境进行适配。这一适配过程包含两个互相补充的层面：**“同化”**和**“顺化”**。同化，是指将外部世界匹配到儿童已经拥有的图式之中。譬如说，一名儿童已经拥有了橘子的图式，知道橘子是一种圆形的水果。有一天，这名儿童第一次看到了柑橘。它比儿童以前看到过的橘子要小，但是与已经存在的橘子图式相匹配，所以，这名儿童当即在图式中加入了一种全新的橘子类型。儿童将柑橘同化进了自己的图式之中。不过，再比如说，有一天，这名儿童第一次看到了葡萄柚。它看起来大致也与橘子相似，所以儿童也将其视作橘子的一种。但是，如果说他尝了一个葡萄柚，于是——哇哦！这与他所熟识的橘子味道非常不同。所以，考虑到这一全新的信息，他必须要调整自己现存的图式。在听到了成年人对葡萄柚的解释之后，他改变了自己已有的图式，认识到了并非所有圆形的水果都是橘子。这就是所谓的顺化。（至于葡萄柚和葡萄是完全不同的水果，则需要等待儿童再长大一些才能认识到。）

皮亚杰提出的理论认为，正是这些过程使得儿童的智力得以增长，而且他认识到，文化与环境因素能够加速或者减缓这一增长过程。此外他还认为，智力的成熟总是按照特定的次序一一出现的，这是他最为人所熟知的理论，其中明确了四个次第出现的发展阶段：**感觉运算阶段**、**前运算阶段**、**具体运算阶段**，以及**形式运算阶段**。

在*感觉运算阶段*，如其名字所示，婴儿在解码自身所处环境时，主要依靠自己的感觉，并且开始理解自己的身体如何在所处环境之中进行移动。皮亚杰表示，这一阶段从出生开始，最初的表现就是婴儿与生俱来的反射行为。按照皮亚杰的理论，在接下来的两年时间里，婴儿会出现爆发式的成长，从仅仅将反射作为工具使用，直到能够更加批判性地思考自身所处的环境。在这头两年间，包含了若干子阶段和诸多行为。婴儿从一个月到四个月大时，会开始控制自己的行为（譬如说，咕咕作声，找到自己的大拇指吸吮）。但是，此时他们仍然仅仅关注自己的身体。到八个月大时，他们能够更加具有目的性地与外界物体互动，到十二个月大时，他们会变得更加具有意志性，而且身体已经足够协调，能够提举，能够抓握，也能够将行为链接到一起，朝着真正的目标设定行进。至十八个月大时，儿童会开始更多地用物体做实验，去了解当她把汤碗扔到地板上时究竟发生了什么。而到了二十四个月大时，她已经能够创造心理图像，并且开始进行更加符号式的思考。她开始真正地领悟到如何去解决问题（又或者如何为自己的父母制造新的问题："如果我把那把椅子挪到厨房柜台旁边，我就能够爬上柜台了！"）。通过感觉运算阶段，**"客体永久性"**的认识得到巩固。婴儿能够理解，即便自己无法直接看到或者通过其他方式感知到一个物体，该物体仍然存在。这并不是与生俱来的知识（所以"躲猫猫”才如此令人兴奋）。

前运算阶段，二岁到七岁的儿童处于此一阶段，此时他们的语言和表征性思维会得到大幅提升。该阶段初期，符号化玩耍开始出现：没有真茶水，但是假装自己在开茶话会；用扫帚柄假装大马；甚至还会出现想象中的朋友。在这一阶段，我们还会看到所谓“万物有灵论”——将活着的属性归属到无生命的物体之上（“云彩很悲伤，所以它才下雨的。”）。皮亚杰还认为，自我中心主义是这一阶段早期的决定性特征，儿童会认为其他人都和他们拥有同样的视角；他们没有能力去区分自己和其他人。一个表现出自我中心主义的儿童，在看到他的哥哥多吃了一块点心

之后，即便妈妈并未在现场观看到这一场景，他也会假定妈妈和自己一样也知道哥哥这一违规行为。在这一阶段，我们还能从儿童身上观察到的一种现象，是他们无法理解所谓的**“数量一致性”**原则，一名年幼的前运算阶段儿童在看到果汁从高瘦、细长的杯子里倒入低矮、宽口的杯子里时，并不知道果汁的总量其实没有变化。

接下来，是*具体运算阶段*。一般从七岁持续到十一岁，此一阶段的儿童开始能够使用逻辑和其他不同的心理策略——比先前阶段所使用的策略的系统性显著提升——来解决问题。该阶段的儿童能够理解那些从属于一个系列的、互相关联的部分之间的联系——能够理解所谓的**“传递性”**——而且能够从心理上按照程度对项目进行“布置”，譬如，在心中按照身高将同班同学排序（这被称作**心智序列**）。

最后，就是自十一岁或者十二岁起并且贯穿终生的*形式运算阶段*。此一阶段，抽象思维成为可能，并拥有哲学思想、假设以及对更难的问题找到系统性解决方案的能力。儿童与青少年在这一阶段会表现出演绎推理——掌握一般原则并且将其应用于具体事例的能力。该阶段个体还会开始以抽象的方式去质疑世界的结构；正因如此，即将迈入青春期的个体才能分辨出政治活动中的伪善。

在皮亚杰针对各个阶段提出上述确切的技能和能力之后的数十年间，其中某些概念已经被重新定义或者被反驳，还出现了若干智力理论着眼于分门别类的智力而不是不加区别的整块发展阶段，尽管如此，皮亚杰的名字仍然熠熠生辉，原因在于，他为了理解儿童个体的心理过程，不仅收集了浩如烟海的数据，还吸引了学界的广泛注意。他为人类理解从出生到成年的心理发展奠定了基础，而且，他的理论还被应用到诸多其他领域之中。

重要影响

发展心理学领域数十年的研究，可谓起始于皮亚杰的研究结果以及他所开发的全新研究技术，其中就包括为了理解儿童心理过程而开展的个体临床访谈。皮亚杰的学术思想强调主动学习的必要性，认为满足儿童的发展需求十分重要，不可拔苗助长地催促儿童进入下一阶段，这在今时今日仍然拥有众多的追随者。

于我而言

假设，一个孩子处于皮亚杰的具体运算阶段，当你跟他说话的时候，你就会面对面地感受到她有多么的"具体"——事实上，当你向她解释这个世界的时候，你或许会感到手足无措。可能在这个孩子内心深处，已经认为吸烟是不健康的，或者，诚实才是为人处世最好的方法。这固然是好，但是，当面对真实社会的丑陋一面时，她的心智则可能会抵抗这个更加复杂的世界。想要让这个阶段的孩子使用更抽象的术语进行思考，是完全不可能的，而且，这会导致一些非常尴尬的情况出现："奶奶居然抽烟，她肯定是个傻瓜。"或者，"我必须要说实话啦——贾斯汀叔叔真是越来越胖了。"

说点乐观的，不知道你是否曾经在四岁儿童的生日聚会上遭遇过以下"不幸"呢？在分冰激凌的时候，你给一个孩子两小勺，给了过生日的男孩一大勺。你要注意了！过生日的男孩一定会竭尽全力地发起"暴动"的。因为，如果这个男孩还不懂得数量一致性的话，他就会误认为，自己那一勺冰激凌要比小伙伴的两勺冰激凌少得多。

皮亚杰学派还有一个经典概念叫作*“A非B错误”*，譬如说，你有两个盒子（A和B），一个玩具，还有一名八个月到十二个月之间的婴儿。如果你反复向婴儿展示你将玩具放到了A盒中，她就能够学会去从A盒中去寻找玩具。但是，如果你加入混淆因素——譬如说，你向她展示你将玩具放到了B盒中。她可能仍然会去A盒中去寻找玩具，因为这是她之前找到玩具的地方。皮亚杰相信，这一错误之所以难以纠正，是因为婴儿的行为图式作祟。婴儿无法理解玩具并非只能放在*“自己”*上次找到它的地方。还有其他理论就这一现象进行了解释，不过，皮亚杰却是第一位发现这一错误的科学家。

我们都知道，不同人在养育婴儿的过程中最为享受的时间段各不相同。有些人喜欢抱起来软乎乎的“玉米粉卷饼婴儿”时期，还有些人喜欢“理性思考的青少年”阶段，其他人则处于两者之间。不知道你是否曾经认真思考为什么会出现这一现象？答案或许并非是儿童行走或者驾车的能力，或者他的身高是多少，而是他的心理状态如何。对于儿童的每一个发展阶段，我们都在头脑中存有一张经典“快照”，以帮助我们判断什么样的儿童才是发展正常的；我们基本都能理解三岁的儿童、六岁的儿童、九岁的儿童和十二岁的儿童所说的、所相信的是完全不同的事物。这些心理差异是本质上的，并且充满现实意义，并不只是在程度上存在差异的事物。而且，皮亚杰是第一位系统测量这些差异并且为大众量化这些差异的科学家。

列夫・维果斯基
Lev Vygotsky

生于1896年，出生地：俄罗斯帝国，奥尔沙。
卒于1934年，逝世地：苏联，莫斯科。
毕业于莫斯科大学和沙尼亚夫斯基大学。

核心思想

列夫・维果斯基（Lev Vygotsky）是一名比较罕见的心理学家，他的理念在他去世数十年之后才获得广泛关注。之所以会这样，部分是由于他的著作原本是用俄文写就的，没有尽快得到翻译。他的部分著作在被介绍到西方学界之前，黯然“沉睡”多年，另有一些甚至曾经经历过审查。还有一个原因是他英年早逝；三十七岁那年，他就因为罹患结核病而去世，没有时间让自己的理论得到广泛认同。

维果斯基是第一批将文化因素纳入到考虑范围之内的早期心理学家。他的发展理论从本质上而言被认为是具有**“社会文化性”**的，共包括两大主题。第一个主题是，认知发展取决于一个人所处环境的文化与社会影响。而第二个主题是，学习本身从本质上而言是主要具有社会属性的，并且通过与那些比我们更富能力的个体交往，我们的认知能力将会发展得更加充分。

维果斯基将发展本身视作按照次序逐渐出现的四个不同水平，所有水平之间都是相互关联的。

- **微观发展。**个体处于重要人生发展阶段过程中所出现的微小变化。
- **个体发展。**个体在生命历程中间所经历的发展类型（通常是发展心理学家最关注的发展类型）。
- **物种发展。**被数千年进化力量所塑造的发展类型。
- **社会历史发展。**随着时间发展出现的文化改变，能够让我们的经历与学习方式发生改变。

与其他发展理论不同的是，维果斯基非常强调文化的重要性，他指出，个体的发展取决于他所处的文化，而且，来自不同文化的个体所经历的认知及智力发展阶段并不一定完全相同。

维果斯基最广为人知的理论被他称为**“最近发展区”**理论。学习者独立所能达到的程度，与在更加成熟的人的鼓励和指导下所能达到的程度之间，存在着差距，而最近发展区就处于其中。维果斯基认为，这就是指导学习最有效的点，这是真正的认知成熟出现的地方，而且，优秀的教师会将他们的努力集中在这一区域。譬如说，一个学步的儿童正在看着她哥哥的木制火车轨道。她努力想靠自己将它们组装起来，但是却进展迟缓；她把两个栓放在一起，却没有将栓和洞匹配起来。她的哥哥，虽然有时候会把她赶走，现在却心情不错，与她坐在一起，给她展示正确的做法是什么。女孩刚开始需要哥哥的帮助，所以，哥哥与她一道，耐心地帮助她将不同部件贴合地组装在一起。很快，她就能够独自完成组装了，不久之后，她就组装了一条两英尺的铁道。正是由于她的哥哥与她在最近发展区“碰面”，既没有居高临下地给予指令，也没有重复她的错误做法，所以，她才能够学有所得，而且她也相应地成熟起来。

在维果斯基看来，虽然其他理论都认为学习是一种被动接受的或者自我导向的过程，但它其实是一种主动的且相互合作的过程。在学习过程中，教师应该根据学生的需要去精心剪裁自己的课程。任何根据学生个体特点而因材施教的教师，都是在亲身实践着维果斯基的理论，而且，如果教师们出色地完成了自己的工作，那么就会使得学生健康成长。只要教师和学生之间通力合作，不论教师是兄弟姐妹、朋友、家长、教练，还是公立学校的辅导员，都能够提升学习者的动力，并且鼓励学习者去破解难题、形成有效的策略，从而完成任务、掌握技能。

维果斯基认为，不同的文化拥有不同的**“智力适应工具”**——不同文化用于帮助个体学习所设置的特定结构。不同的集体，由于需求不同，所奖励的技能也完全不同。如果你出生在一个从小就需要自己去狩猎以获取食物的地方，那么，与其他文化环境下的同龄人相比，你的空间技能可能会发展得更加完善。或者，譬如说你的父母是艺术家，总是认真地向你教授并且教你鉴别光谱上的不同颜色。如果是这样，那么很可能你从儿童期开始就会拥有出色的色彩分辨能力，而且终生都会在这方面很卓越。

维果斯基认为，发展的过程，既受到文化的助力，亦受到与那些比我们更有技能的人进行互动的助力，这是初级的心理功能发展到高级的心理功能的方式。初级的心理功能是婴儿与生俱来的，譬如说感知事物、注意刺激、感知身边的世界以及记住不同经历的能力。高级的心理功能则会随着时间推移而逐渐得以发展，它们直接受到社会文化经历的激发，而社会文化经历也是学习得以发生的原因。

重要影响

虽然对于维果斯基某些著作的翻译花费了数十年的时间，但这丝毫没有影响到他受到学界的诚挚欢迎。他的理论在教育界得到了广泛的尊崇，而且这些理论也影响到了其他优秀的发展心理学家，其中就包括让·皮亚杰。维果斯基的合作者非常多，他与他们分享了自己的学术观念，这些人形成了一个非正式的群体，被称作“维果斯基圈子”，他们对于社会及文化心理学的理论激发了后续各种研究的出现。

于我而言

维果斯基提出的文化的智力适应工具理论，看起来十分超前于他所处的时代，当代的研究以各种各样的技能组合为对象，结果发现，维果斯基的理论的确可以在不同的文化当中得到验证。

近期，数字系统获得了研究者的特别关注。不同的语言有着不同的数字命名方式。譬如说，在日本，人们所使用的是十进制的命名系统，与中国、土耳其、韩国和朝鲜相同，这是一种具有恒常性和系统性的数字命名方式，以“十”为基础的逻辑贯穿始终，比如数字“11”被称作“十-一”，数字“12”被称作“十-二”，依此类推，而在说英语的国家之中，对于数字的命名传统却独树一帜，没有遵循同样的逻辑。跨文化研究结果表明，由此可能会出现的一个结果是，一个美国的学前儿童可能在数字使用流畅度上存在劣势，而且这种劣势甚至可能会持续到成年阶段。

另外一个令人着迷的研究领域，虽然在维果斯基去世之后多年才蓬勃发展，但是仍然体现出了他的理论所具有的价值，这就是音高辨别力。音高辨别力是音乐家长久以来梦寐以求的特质，它指的是无须参照点即可判断出一个音符的确切音高的能力，这是聚会上一个有趣的小技能：只要有人拿叉子敲打一下玻璃杯，马上就有高手精确地说出“升C调”。

很多才华横溢、自律甚严的音乐家终其一生也没有掌握这一技能，而那些展现出这一技能的人则通常处于儿童早期，能够在音乐训练中初露锋芒。长久以来，这都被认为是基因使然。但是，近期的研究表明，音高辨别力或许要比之前学界所认为的更加受到环境的影响，而且或许反映了维果斯基所提出的适应性工具的概念。在口语为“声调语言”的地方，音高辨别力的出现率要更高。在声调语言中，譬如说普通话或者广东话，听话者必须要学习词语之间的声调变化，否则就可能会把不同的词语混淆起来，因为不同的声调，或者说音高，会赋予字词不同的含义。举个例子，“ma”这个音，如果像大声朗读那样发音（mà），表达着“责骂”的含义，而发音“ma-a-a”（mǎ），类似于哭喊，意味着“马”。（如果用较高的起始音高发音的话，“mā”这个音其实还能表示“妈妈”的意思。）不过，在英语当中，却并不存在类似的差别。当然了，声调和音调能够充分表达你的情绪状态，或者在一句话中你想着重强调的部分，又或者你说的话究竟是一个问题，还是在简单地陈述事实。但是，单个的词语并不会因为音调变化而发生含义上的更改。不论你在说“elbow”[①]时是高音调还是低音调，它的含义都是相

① 中文意思为“肘部”。——译者注

同的。如果你用高音说“el”、用低音说“bow”，或者用低音说“el”、用高音说“bow”，不会产生什么大影响——别人仍然知道你说的是同一个单词，相互理解不会出现偏差。根据维果斯基的理论，由于说声调语言的人从出娘胎起首次听别人说话开始，就不得不学习去注意并且最终区分出这些音调，所以，他们更有可能会发展出音高辨别力。维果斯基从来都没有亲自去调查这一问题，但是他的理论却极具先见之明，他向我们表明，想要解释我们缘何成为今日的我们，不仅要从人类的基因或者个体经历入手，还必须要考虑到我们的文化。

哈里 · 哈洛
Harry Harlow

生于1905年，出生地：爱荷华州，费尔菲尔德。
卒于1981年，逝世地：亚利桑那州，图森。
毕业于里德学院和斯坦福大学。

核心思想

哈里 · 哈洛（Harry Harlow）最经典的研究，主要探讨如果恒河猴从婴儿期起即没有被母亲抚养而长大，将会出现哪些行为特点，很多人对此都较为熟悉。在这一研究中，他一方面设置了使用金属线和木头制作的替身妈妈，另一方面设置了使用两端留有绒穗的布料制作的替身妈妈，看小恒河猴会喜欢哪个“妈妈”（只有金属线和木头制作的替身妈妈提供奶水）。但是大众不那么熟悉的，是哈洛研究的广度，除了比较“布料”替身妈妈与“金属线和木头”替身妈妈之外，他还做了很多科学实验。事实上，哈洛所开展的大量工作，对于深度探索依恋和同辈关系领域大有裨益。

在哈洛最重要的研究当中，小恒河猴更加渴望布料妈妈所带来的舒适接触，对于提供奶水的能力则不那么珍视。当然，坐在布料上，比坐在金属线和木头上要舒适得多，这完全说得过去。只不过，小猴子竟然如此被布料替身妈妈所吸引，尤其是在受到惊吓时更为如此，这一事实对于科学家探讨依恋是有所启发的。我们在人类儿童身上也能够观察到类似的现象：他们非常喜欢毛绒动物玩具或者其他毛绒玩具，玩耍时感到十分舒适。哈洛的研究结果与精神分析学之前就母子依恋关系提出的**“碗柜模型”**理论背道而驰，后者认为，仅仅是因为母亲为孩子提供了照顾并且满足了其基本的生理需要，所以双方之间才能够产生情感联结。哈洛的研究结果与行为主义者提出的理论模型亦有所差异，后者认为，孩子是因为受到了条件作用才与母亲产生依恋的，具体而言，就是由于孩子的生理需求得到满足，所以受到了积极的强化和条件作用。不仅如此，哈洛的研究成果也对当时大众的固有想法提出了挑战，当时人们普遍误认为，过多的身体上的爱抚和照顾会宠坏婴儿。另外，替身妈妈的存在还使得小猴子更加勇于冒险。当替身妈妈在身边的时候，小猴子在探险过程中会更加健康向上，这表明，强烈的依恋能够提供舒适感，并且为个体的安全感奠定了基础，后者又使得个体充满自信，为人

处世更加独立自主。

哈洛的研究结果还表明，我们与那些深爱的面孔之间存在着多么强烈的依恋。每个布料替身妈妈的面孔都稍有区别，而每个小猴子不仅能够识别出属于自己的替身妈妈的面孔，而且，相对于其他相似的面孔而言，还对该面孔表现出明显的偏爱。

哈洛还探究过“同辈”在依恋和发展过程中所扮演的角色，但这并未引起社会大众的广泛注意。在一个实验中，哈洛比较了那些仅仅跟母亲接触过的猴子与仅仅跟同辈接触过的猴子。两组猴子的表现都不是特别理想。跟母亲接触过的猴子，没有能够发展出健康的社会行为；当与同辈接触时，它们会有所闪避，甚至会变得极富攻击性。而仅仅跟同辈接触过的猴子，会非常依赖于伴随自己长大的同辈，唯其马首是瞻，对于其他未曾谋面的同辈则充满敌意。总体上而言，与仅仅跟母亲接触过的猴子相比，它们非常易怒，而且更加焦躁不安。

在哈洛的研究中，最令人振奋的，是精心挑选的猴子“心理咨询师”的加入。这些担任咨询师角色的猴子会与那些先前被隔离的猴子接触，执着地黏着它们。很快，那些先前被隔离的猴子，也会反过来黏着“心理咨询师”，它们的行为看起来也会更加正常并且具有社会适应性——主要体现在与其他猴子的交往方面，不过，值得指出的是，它们仍然还是更加容易受到压力的不良影响。

哈洛强烈地感到，他所揭示出的深层次真理，同样适用于人类的经验。引人注目的是，他曾说，自己研究的焦点是“爱”，而不是“依恋”，虽然，很多理论家都无可争议地更加青睐后一个焦点。尽管如此，哈罗本人却很少动感情，而且，他公开地承认，自己并不喜欢动物，对于那些参与实验达数年之久的猴子也并无喜爱之情。部分人认为，哈洛的实验从本质上来说是不符合伦理道德的。

关键实验

哈里·哈洛在实验中习惯使用恒河猴。在他最经典的实验中，恒河猴从出生开始就没有得到母亲的抚育。他把猴子分成两组，每组一个笼子，每个笼子中都设置了一个简陋的母亲模型，或称替身妈妈。其中一个替身妈妈由金属线和木头制成，另外一个则由两端留有绒穗的布料制成。虽然只有金属线和木头制成的替身妈妈有一个奶头，能够分泌奶水，但是绝大多数时间小猴子却和布料替身妈妈待在一起。当受到惊吓时，小猴子更愿意到布料替身妈妈那里去寻求安慰，基本从来不会去能够分泌奶水的替身妈妈那里。

哈洛还观察了那些从三个月到一年不等的时间段中孤独生活的猴子。三个月的孤独生活基本没有产生太大的后果，但是长时间的孤独却令人吃惊地产生了一些恶劣后果。当再次与其他猴子接触时，经历过孤独生活的猴子会倾向于坐在角落里，不断摇晃，有时候还会咬自己；它们既失去了玩耍的兴趣，也失去了玩耍的能力，即便被激怒也无法反击回去。之后，当这些猴子自己成为家长时，它们会倾向于忽略甚至去攻击自己的后代。成年猴子所出现的这些行为，在对它们第一个出生的孩子身上表现得最为明显，不过，为人父母的经历似乎教会了这些曾经孤独生活的猴子如何更好地处世，因此，在与之后出生的子女进行交流时，他们的问题行为将有所减少。

重要影响

哈洛对于猴子依恋的实验直接影响到了后世探讨人类依恋的研究者，其中包括他的学生约翰·鲍比和玛丽·爱因斯沃斯，两人因为探索不同的依恋风格而享有盛名。举例而言，爱因斯沃斯开发了一个叫“陌生情境”的实验，数十年间都被用于研究儿童与其父母或者抚养人之间的依恋类型，并且去观察他们在压力情境下的反应。实验参加者一般是12个月到24个月大的儿童。实验的具体程序是：首先，当着抚养人的面，向儿童介绍一名陌生人；之后，抚养人离开，让儿童与陌生人独处；接着，抚养人回来，同时陌生人离开；再之后，抚养人再次离开，而陌生人再次回来；最后，儿童会与自己的抚养人重聚。研究者会通过双向镜观察儿童在不同阶段的反应，尤其会注意儿童的情绪反应；他们抚慰自己然后安心玩耍的能力；以及他们被陌生人以及/或者抚养人成功抚慰的能力。爱因斯沃斯将她所观察到的模式加以归类，分成*“安全型依恋”*和*“不安全型依恋”*，后者又被细分为*“不安全-回避型依恋”*模式（儿童基本不会表现出任何的情绪反应，与他们的抚养人也不进行任何联系）和*“不安全-抗拒型依恋”*模式（儿童因为分离而感到痛苦，即便抚养人回来，他们也难以得到抚慰）。之后，爱因斯沃斯的一名同事，玛丽·梅恩（Mary Main），又加入了一个*“混乱型”依恋类型*，指的是儿童在见到抚养人回来之后，既表现出受到压力的信号，又混合有杂乱无章的行为。爱因斯沃斯通过自己的这些科研工作，在创建依恋理论的过程中立下赫赫之功，该理论认为，年幼儿童与主要抚养人之间的依恋的强度，为个体将来在很多方面的发展奠定了基础。研究表明，爱因斯沃斯所发现的具体依恋类型，对个体后续的人格特征、情绪健康和人际关系皆产生了显著影响。

于我而言

不论你仅仅与婴儿待过一个下午，还是相处达十年之久，你或许都可能知道：婴儿喜欢被人抱着。亲密的接触、温暖和亲近，能够迅速而有效地抚慰他们。事实上，拥抱婴儿通常是唯一能够阻止他们哭泣的方法，这对于已经几周没有睡个好觉的家长来说，是非常令人沮丧的。

新生儿的家长通常会被不计其数的正确育儿方法“狂轰滥炸”，而且，很多新妈妈如果没法母乳喂养自己的孩子，会感到十分羞愧和焦虑，因为她们误以为这会影响亲子之间良好关系的建立。但是，真正能够让母子建立起紧密联系的，其实是因为喂养而带来的爱抚和舒适，并非奶水传递本身。所幸，这让那些在血缘上并非亲生母亲的人，也有了与孩子建立起紧密联系的机会，尽管他们在喂养婴儿时使用的可能是瓶装母乳或者配制奶粉。

哈洛的研究中，那些从小没有被父母抚养的猴子也迫使我们去思考，早期的依恋质量将会如何深刻地影响日后的依恋。哈洛的研究结果还表明，如果我们自己没有被爱过，那么我们再去爱别人就会比较困难。或许，你的家长完全不愿意表现出温情，他们的冷峻和严苛会被解读为拒绝。又或者，也许他们甚至会对孩子暴力相向。那么，当你在青年时代竭尽全力寻找爱时，你可能根本不知道自己应该如何表达亲密的情意，如何处理亲密关系，如何在亲密关系中把握分寸，又或者，爱的感觉究竟是怎么样的。或许，你会过度补偿，只要有人赞美了你，你就会迫不及待地投入一段感情当中。或者，也许有些人对你非常好，而你也十分关心那个人，但是对你来说，他对你的关照是非常陌生的事物，以至于你感到心里不舒服。那些从来没有被公开地爱过的人，当他终于得到了别人的爱时，反而会感觉不知所措，这并不罕见，而且，他们还可能感到非常疑虑，并且局促不安。

假设你的父母对你并不是特别关爱，那么，当你有了自己的孩子时，你可能就会产生与上一段所描述的相似的感受。在向孩子表达爱意时，可能你会感到自己没有“脚本”可参照：“我是不是表扬得太多了？”“我感觉自己哄小孩时特别不自然。”“真的有人会在睡觉前对孩子说‘我爱你’吗？”“到学前班去接孩子的时候，我要抱抱他吗？”你非常爱自己的孩子，而且你也希望自己的喜爱之情能够自然而然地表达出来，但总是难以如愿。哈洛的研究结果告诉我们，这个问题的根源并不在于你的基因，而是你在童年阶段的依恋关系出现了问题，必须加以克服。

不过，好消息是，这种问题是完全可以得到解决的。正如哈里·哈洛实验中的猴子“心理咨询师”一样，在你的生活中，其他人同样能够给予你鼓励性的、充满耐心的、感同身受的支持，从而让你的生活发生变化。这些人可能是视你如己出的你高中好友的父母、结交的第一名知己挚友、邻居或者同事、爱人，或者是心理咨询师。过往的错误可以被纠正。童年时期缺乏温暖和关爱，造就了今日之你，但是，这并不一定就代表着故事的终结。

爱利克 · 埃里克森
Erik Erikson

生于1902年，出生地：德国，法兰克福。
卒于1994年，逝世地：马萨诸塞州，科德角。
毕业于维也纳精神分析学院。

核心思想

当你想到“心理发展”的时候，你很有可能想到的是年幼的儿童逐渐成熟的过程，最终形成了自己的个性；或者是正在上中学的孩子逐渐变得像个大人。或许，你甚至会想到自己在青少年晚期或者刚上大学时候的样子。但是，并不会有太多人将“发展”视作一个贯穿终生的过程，即便我们的身体已经成熟、我们的认知能力已经达到顶峰，发展亦从未曾停止过。爱利克 · 埃里克森则让心理学界认识到，我们应该将发展视作一个从出生开始贯穿至最后一口呼吸的过程。

埃里克森并不认为对于每一个人来说发展阶段都与特定的年龄相挂钩。相反，他相信，这些发展阶段属于情绪和认知的转换，其出现既受到生理成熟的影响，也会受到一个人在特定生活阶段的社会需求的影响。埃里克森的理论中共包括八个社会心理阶段，他认为，所有人在一生当中都会按照顺序经历这些阶段。每个阶段都包含两种极端状态相互对立的基本冲突，这是一个人必须加以厘清的**“生活危机”**。根据埃里克森的看法，成功地解决冲突，可以使得个体在某一阶段发展出特定的美德，并且为下一阶段奠定基础：

- 第一个阶段，在婴儿阶段，主要是**“基本信任”vs.“基本不信任”**之间的冲突，如果顺利发展，能够使得个体形成“希望”这一美德。婴儿必须要迅速学会去信任他人，并且分辨出哪些人负责满足自己的需求。在这一阶段，主要的抚养人担任关键的社会媒介，如果他们对婴儿的照顾是不稳定或者不认真的，那么，婴儿或许会将世界视作一个无法预测的恐怖场所，甚至会感到毫无希望。
- 学步阶段，主要的冲突是**“自主性”vs.“羞愧和怀疑”**，如果这一危机能够得以解决，将使个体形成“意志力”的美德。学步儿童需要开始学习如何部分地照顾自己，从使用勺子，到使用厕所，再到独自入睡。该阶段的关键社会媒介仍然是家长，如果学步儿童难以构建起自身的独立性，那么，他们就会对自己为人处世的能力感到怀疑和羞愧。
- 学前阶段，带来的冲突是**“主动自发”vs.“罪恶感”**，成功地度过这一阶段，可以使个体形成“目的明确”的美德。处于该阶段的儿童，在设定目标或者参加活动时，有时候会眼高手低。这会使得个体与规则、他人产生冲突，而且，有时候会导致自责感出现，让个体陷入麻烦当中。但这也能够使得儿童提升信心，相信自己能够独立地取得成就。该阶段，家庭是关键的社会媒介。
- 学龄期，持续到十二岁，是**“勤奋”vs.“自卑”**的冲突，成功度过这一阶段可以使人培养出较强的能力。该阶段，儿童与其同辈之间的对比变得非常重要，因为儿童会通过其他人来衡量自己和自己的成就。如果他们勤奋刻苦，并且开始掌握各种学习和社交技能，那么，孩子们就会对于自己能够获得成功这一点感到信心十足。否则，自卑就会乘虚而入。该阶段，教师和同辈是非常重要的社会媒介。

- 从十多岁到二十岁左右，主要会出现**“同一性” vs.“角色混乱”**的冲突，成功地度过这一阶段，个体将获得“忠实”这一美德。该阶段，是作为“一名青少年”和“一名成年人”之间的焦虑，是成为一名成年人的过程中必不可少并有时混乱的时刻：“到底，我是谁？我生活的路径是什么？在那些我在乎的人之间，我究竟处于什么位置？”这一挑战亦被称作**“身份危机”**，这是埃里克森首先使用的术语。该阶段关键的社会媒介，是青少年在竭力创建身份感的过程中的同辈。不过，埃里克森认为，支持型的家长，在放手让孩子去大胆探索的过程中，起着一定的作用，他们不会过分地限定孩子将来应该成为什么样的人，以免给孩子增加负担。
- 埃里克森认为，下一阶段，一般出现在二十岁早期到四十岁之间，主要是**“亲密”vs.“疏离”**的冲突，顺利解决这一阶段的问题，将使得个体收获到爱。这一阶段，个体通常会深入地探索在真正的爱和陪伴当中包含哪些细微因素，不论是爱情方面抑或友情方面，皆为如此。如果感到自己缺乏与其他人之间真正的亲密感，将会导致孤独感产生。
- 成年中期主要面对的是**“生产”vs.“迟滞”**的冲突，成功地度过该阶段将使得个体获得“关心”的美德。在工作、家庭和生活目标方面，“生产率”究竟意味着什么？有些人会自然而然地树立起责任感；其他人则拒绝承担责任，由此将会出现停滞。该阶段，文化规范是关键的社会媒介，因为，每一个文化在判断生产时，都拥有自己的标准。如果个体拥有配偶和子女，那么，配偶和子女也属于关键的社会媒介。

- 最后，老年阶段主要面对的是**“自我统整”vs.“失望”**的冲突，成功度过该阶段将使得个体获得“智慧”的美德。六十岁晚期及之后，个体会开始回顾自己的生活，并且解读其内在含义。自我统整指的是从总体上接受自己的生活，不论是高潮还是低谷都淡然处之。但是，如果因为目标未曾实现，或者预期未得到满足，而感到极其失望，就会导致失望感出现。正因如此，该阶段关键的社会媒介已不再是当前社会中的主体，而是个体对于自己过往经历的解读和记忆。成功地度过这一阶段，个体将获得智慧，得到寻找生命意义的能力，并且，在最后面对死亡时，能够接受自己的生活。

将上述各阶段结合起来，埃里克森的社会心理阶段描绘出了一幅完整的生命图景。各阶段强调的是，我们从出生到老年的各阶段中，与他人的人际关系，以及我们不断改变的情绪，正因如此，该理论才从先前的各个发展理论中脱颖而出。埃里克森还指出，我们经历各个阶段时或成功或失败，或赢得胜利或受到创伤，这些最终都会界定我们的人格特征。

重要影响

埃里克森的理论拓宽了“心理发展”这一概念的广度，而且，他在精神分析理论和一个终生发展模型之间建立起了桥梁。这一终生模型还导致科学家以更加饱满的激情投入到对“老化”和老人学的研究中。埃里克森还开创了带有自传性质的科研流派，被称作**“心理历史学”**；他对于甘地的历史学/精神分析学研究曾经荣获普利策奖。

于我而言

不管你是十七岁、四十三岁或者九十一岁，花一点时间去想象自己的早期发展阶段。那些令你印象深刻的，很有可能是生理发展过程中的关键时期，或者是你与周边环境交互作用的关键时期。但最有可能发生的，是你用心灵的双眼去看其他人。事实上，你对于兄弟姊妹、邻居、朋友、爱人、家长、同事和教师的记忆，很可能决定了你所处的人生阶段，或许令你感到愉悦，或许令你感到不那么欢乐。

以童年中期——埃里克森所说的“勤奋vs.自卑”阶段为例。你或许无法记住这个人生阶段里所有的关键事件，但你可能会记住是谁总在拼写测验中打败你，谁的投篮比你更准，以及，因为谁备受欢迎而使得你感到害羞且笨拙。你或许还能记住，你最初是如何发现自己擅长艺术的，或者擅长让朋友发笑的。这些人生早期的对比，能够让我们开始相信自己身上的一些特质，这样的对比具有难忘的意义，会伴随我们很久。

如果你回顾自己的青春期和刚刚成年的阶段，就会发现，同样的模式仍然存在。一个人很难忘记自己第一次的怦然心动、第一个室友，以及第一个夸奖你工作确实得力的老板。在回顾这些时光时，人生的社会层面通常都会令其他影响黯然失色，尤其是在反思生活的意义何在时，更为如此。埃里克森的理论以无与伦比的方式，捕捉到了这一现实，它向我们表明，我们与其他人息息相关，我们在实现自身发展的过程中需要其他人，尽管需求程度高低会随着人生阶段的不同而产生变化。

如果你曾经为自己设定过目标，不论是以计划清单的形式抑或“五年计划”的形式，当再次回首自己过往的目标时，你可能会发现，它们与埃里克森的八个社会心理阶段完全一致。从寻找配偶，到事业有为，到计划退休，再到制定遗愿，人生每一个十年当中，究竟什么才是最重要的，在不同个体之间往往具有高度的一致性。虽然，不同的文化可能会对个体提出特定的期望（是否社会认定年轻人最好去读大学？是否大家认为移民到外国生活才是最好的？是否社会普遍认定人生最重要的职责是生儿育女？），但是，对于“我们与其他人息息相关”和“我们要在人际关系之中去寻找意义”这一点上，却几乎没有异议。从青春期的愤怒，到中年危机，从退休之后重新定义自我，到如何计划余生，我们会反反复复地看到埃里克森提出的社会和情绪阶段接续出现。

诺姆 · 乔姆斯基
Noam Chomsky

生于1928年，出生地：宾夕法尼亚州，费城。
毕业于宾夕法尼亚大学。

核心思想

在语言学和心理学的交汇路口上，没有人的贡献要比诺姆 · 乔姆斯基（Noam Chomsky）更为突出，尽管如此，他最初却并非按照心理学家受训的，他是一名哲学博士。他的研究成果众多，足以在本书其他章节占有一席之地，但是，他对于语言发展所提出的理论，则可完美地与本书“发展心理学”这一章节契合。乔姆斯基的理论围绕**“转换语法”**这一概念构建起来，该概念代表的是一个语言所使用的模式与规则，以及通过现存的句子形成全新句子的方式。乔姆斯基至今仍然作为一名政治活动家、经济学理论家和社会批评家活跃在世界舞台上。

从早期开始，乔姆斯基的工作就着眼于语言的发展，而且，他从根本上攻击了行为主义对于语言学习所提出的理论。这使得他成了认知心理学领域的重要人物。读者应该还有印象，绝大多数行为主义者提出的理论都认为，人类学习语言的方式和学习其他事物别无二致，都要经过条件反射和不断重复。乔姆斯基则认为，这个观点与真相相去甚远。他坚信，我们在出生之时就已被“预置”，拥有能够学习语言的能力，而且，其他学习类型主要是在行为之间建立起联系，与之相比，语言学习则是一个独一无二、在本质上存在差异的过程。乔姆斯基表示，人类与生俱来就拥有“*语言习得装置*”（language acquisition device，简称LAD），它存在于大脑当中，具有与众不同的独特属性。这一理念反映的乃是**语言习得的先天论**，该理论认为，人类先天就被植入了学习语言的独特能力。乔姆斯基将语言习得装置视作通过言语输入予以启动的处理器。他提出的理论认为，语言习得装置使得人类能够理解一般语法的结构，而且，在儿童学习过一些基本的单词之后，能够赋予他们将词语组合成为有意义句子的能力。

乔姆斯基为了验证自己的理论，提出了所谓**“刺激贫乏论”**，也就是说，仅仅是暴露于聆听他人说出句子的刺激当中，永远不足以解释学步儿童的学习说话的能力。他提出，语言是十分精细而复杂的，以至于它们无法仅仅通过教师和同辈得到教授，也无法通过试错法精准掌握。乔姆斯基表示，有无数的基本的、可理解的句子是从来没有被人说过的，尽管如此，我们却仍然完全有能力说出它们、理解它们。如果我们听到这些话，我们会自然而然地凭直觉理解它们。乔姆斯基对于将条件反射作为语言发展的唯一解释多有批评，这具有巨大意义，它加速了将行为主义从统治地位上罢黜的过程。

乔姆斯基在**句法**领域也开展了大量工作，所谓“句法”，指的是使得短语和句子能够传递意义的字词排列方式。他提出，任何句子都包括**“表层结构”**和**“深层结构”**。表层结构指的是字词的呈现与发音；深层结构则指的是内在的含义，可供分析和解读。“我爱我的父母。”和“父母被我爱着。”这两个句子基本上具有同样的深层结构；它们的含义基本相同。不过，它们的表层结构，却显然存在着差异；两个句子在纸面上写出来不同，读出来也不同。乔姆斯基还解释道，我们会通过**词素**和**音素**提取意义。词素是语言中具有意义的最小单元。在英文中，我们拥有很多不是词的词，但是却能够很好地理解，譬如“ing”[①]，或者“anti”[②]，或者“un”[③]，又或者“ness”[④]。当然了，还有很多词语本身就是词素：“dog”（犬），“top”（上面），“snap”（扣上）。将两个或者更多的词素结合起来，不论它是一个词［unsnap（解开扣

---

① 表进行时。——译者注
② 表反对。——译者注
③ 表否定。——译者注
④ 名词后缀。——译者注

子），topless（上面露出）]，抑或不是词 [undog（解扣）]，我们都能够理解其含义。音素则是更小的语言单元；它们是某一语言中可识别的、与其他音素存在差异的声音（在手语中，则体现为姿势）。美式英语包括二十六个字母，但却包含四十四个音素（具体数目取决于特定口音），原因在于不同的字母可以发出不同的声音（在“open”一词中，“o”发长音；而在“on”中，“o”发短音），而且字母可以加以组合，形成全新的声音（“ch”，“sh”，或者“th”）。乔姆斯基并不是第一个谈论词素和音素的理论家，但他推动这个领域取得了大幅进步，并且使得语言学成为一门科学。在语言学习方面，他还赞同神经学家与语言学家埃里克·勒纳伯格（Eric Lenneberg）提出的**“发展关键期”**理论。该理论认为，与其他若干生理性成熟过程一样，语言学习也必须要在生活早期的某一个时间窗口之内开始；如果语言学习并没有在这个时间段开始，那么，之后再进行学习就会相当困难。化名为“吉妮”（Genie）的野生儿童，在十三岁时，才被人从严重的忽视、孤独和缺乏刺激的环境之中解救出来，通常，这个案例都被当作发展关键期理论的重要证据加以使用。虽然经过多次治疗，吉妮仍然无法熟练地使用口语，究其原因，或许是吉妮在关键期内完全没有暴露于任何的语言输入之中。

此外，乔姆斯基还曾表示，只有人类才拥有语言习得装置。但是，猩猩已经被教会使用手势语言这一事实 [包括一只被指向性地命名为尼姆·齐姆斯基（Nim Chimpsky）的猩猩]，则说明上述观点并不一定完全正确。尽管如此，关于动物是否能够自发地使用语言，又是否拥有受到规则约束的语法结构，仍然是存在激烈争论的问题。

重要影响

乔姆斯基对于认知心理学、语言发展和语言学的影响，无论如何强调都不过分。他对于行为主义的批评，使得行为主义不再被用于解释人类的所有行为。他就语言发展提出的先天论观点，激发着学界后续数十年对于儿童语言习得的研究；而且，他对于句法结构的研究成果，推动了认知心理学整个领域向前发展。

于我而言

为了说明深层结构与表层结构的差异，一个著名的例子是这句话："The French bottle smells."①。我们究竟是在说"法国人做香水"，还是说"一个法国的瓶子散发出恶劣的气味"呢？这取决于我们如何在头脑中遣词造句，以及我们如何运用词句短语的句法。我们可以将"The French bottle"（这个法国的瓶子）当作句子的主语，或者我们可以将"The French"（法国人）作为主语而将"bottle"（把……装入瓶中）作为谓语。又或者，请读者考虑一下逗号的功能。"我喜欢烹饪，我的家人，和我的宠物"和"我喜欢烹饪我的家人和我的宠物"这两个句子的意思大相径庭。随着文本作为一种沟通形式的数量大幅爆发，标点符号经常被人所忽略，所以，表层结构和深层结构之间就会产生差异，由此带来的沟通失误往往是有趣的，甚至是令人发笑的。

① The，冠词，意为"这个，那个"。French，做形容词时意为"法国的"；做名词时意为"法国人"。bottle，做名词时意为"瓶子"；做动词时意为"把……装入瓶中"。smells，做名词时意为"气味"；做动词时意为"有臭味"。——译者注

卡罗尔 · 德韦克
Carol Dweck

生于1946年，出生地：纽约州，布鲁克林。
毕业于哥伦比亚大学和耶鲁大学。

核心思想

在本书所讨论的所有理论家之中，卡罗尔·德韦克可能是最为“当代”的；她的职业生涯也是极尽可能地“积极主动”的。德韦克因她所提出的智力的内隐理论而著名，该理论着重探讨的是我们认为自己的能力来自哪里。与诺姆·乔姆斯基的科研工作相同，德韦克的科研事业领域同样横跨本书的若干章节，但是，考虑到德韦克对于抚养和教导儿童的研究，将她安排在本章是最为恰当的。

界定德韦克科研成果的问题相对而言较为简单：为什么某些儿童即使遭遇挫折或者失败，仍然对学习任务坚持不懈，而其他儿童面对同样的情况则已经早早地宣告放弃，或者从一开始就打退堂鼓呢？1978年，德韦克观察到，如果教师和家长将儿童的失败归咎于“缺乏能力”而非“缺乏努力”上，他们就会不经意间令儿童在脑海中形成一种无助感。换言之，如果儿童在数学考试中成绩比较差，那么有些教师就会盖棺定论，认为这名儿童不擅长数学，即便实际的原因在于儿童没有进行足够的练习，或者并没有花上足够的时间去检查并纠正粗心造成的错误。一名儿童如果认定自己就是不擅长数学的，那么她就可能会质疑自己再去付出努力是否还具有较高的价值，不过，如果她认为自己可以通过采取合理的策略努力学习，并且不再去犯同样的错误，那么，她会充满动力地去尝试不同策略，准备自己下一次的数学考试。

在后续的研究中，德韦克开始探讨儿童是如何受到赞扬的。作为家长和教师，我们可以夸奖特质和能力（“你可真是一个很好的艺术家啊！你真是太有天赋了！”），或者我们可以夸奖努力（“看看，你画那幅图的时候是多么认真啊！你花费了很多时间，还使用了这么多色彩！”）。德韦克发现，儿童被夸奖的性质与他们思考自己的方式息息相关，具体来说，就是他们如何思考自己获得成功的原因。德韦克对于两者之间的这种联系强度如此之高十分震惊：它不仅会影响儿童未来的努力程度，同时还会影响他们对于失败的恐惧程度，此外，亦会影响他们面对失败之时奋力进行反击的意愿强烈程度。

在对于不同类型的赞扬的长期使用方面，德韦克的科研工作对比了两种不同的*“思维定式”*。那些因为天赋能力与自身特质而被不断夸奖的儿童，更容易形成**固定型思维**。这些儿童会认为，他们的智力或者能力是静止的、不可改变的特征。他们认为自己或者是聪明的，或者是不聪明的；或者是擅长拼写的，或者是不擅长拼写的。假设一个儿童的自我评价比较差——也就是说，他相信自己永远无法变得聪明——那么很明显，他就会感到十分无助，而且在遭受挫折之后，更容易意志消沉。德韦克提出，即便儿童的自我评价比较高，固定型思维还是会产生严重的问题。一个相信所有人都认为他非常聪明的孩子，将会对失败更加地恐惧，因为他会极度渴望去证明大家确实是对的。

他不想去犯错误，因为他不希望自己失去身披如此之久的“聪明”的斗篷。大家都说这个儿童具有某种特质，由于害怕去做任何会打破上述信念的事情，儿童会只去做那些自己擅长的事情，做那些他已经知道自己能做好的事情。

另一方面，拥有**成长型思维**的儿童则能够更好地适应社会生活。按照德韦克的理论，成长型思维认为，努力以及工作将会令人有所收获，一个人总是拥有成长的潜能，拥有擅长去做一件事的潜能，而且，智力也是能够被开发出来的。拥有这种思维的儿童知道，他能够刻苦努力，而且，由此他亦明白，他最终能够应对挑战。他没有被“失败会自然而然地毁掉所有我之前树立起来的形象”这一信念所局限，因此，他对失败的恐惧程度要低得多。失败，并不是冲击个人身份认同的“破碎球”，它只不过表明，我们还需要更长时间的练习、更加刻苦的学习，或者采取全新的学习策略而已。他不会被挫折所击垮，所以，他不太可能会逃避挑战，而且，他会更加愿意去尝试自己“舒适区”之外的事物，即便没有在一次考试中取得良好的成绩，也会伺机东山再起。

儿童“将自身能力视作具有可塑性”的能力，具有着较为广泛的含义，绝不仅仅只是会影响他们为了准备数学考试而付出多少，或者他们勇敢去尝试一项全新运动项目的热情有多高。作为一种文化，我们倾向于对哪些人擅长哪些事形成一些固有的信念，而这些信念或许会反过来影响那些人去选择自身涉足哪个领域。举个例子，女性之所以在科学与工程领域属于少数派，部分原因可能在于，女孩子们逐渐接收到了外界关于“女性天生就擅长什么、不擅长什么”的信息。随着儿童的不断成长，学校和日常生活从整体上会越来越具有挑战性，尤其是在情绪状态激烈动荡的青少年时期，他们的思维定式或许会决定哪些人能够不断有所成就，甚至取得大幅进步（也就是那些拥有成长型思维的孩子），哪些人的学习表现会有所下降（也就是那些拥有固定型思维的孩子）。

一个人究竟是拥有固定型思维还是成长型思维，这个问题直至成年阶段仍然存在意义。不论如何，在校园生活结束之后，大多数人仍然能够在自己身上发现上述思维定式的影子，而且，不同的思维定式还会影响我们如何去看待自己的智力和能力。所幸，我们可以通过系统学习建构起成长型思维。

重要影响

德韦克的研究仍然在深刻地革新着教育和绩效领域的不同层面。她的理念已经被吸收到了学校系统和教育课程之中，而且还被纳入到养儿育女的建议里面。体育教练和音乐教师同样广泛地受到她的研究成果的影响，这些研究还进一步激发研究者去探索动机、绩效以及赞赏的内化影响。

于我而言

如果你是一名家长，那么你或许已经对德韦克的某些研究比较熟悉了。可能你曾经观察到，其他家长在夸奖孩子时，会强调他们的努力，而不是能力。尽管如此，任何心理学思想在被非心理学专业出身的大众予以采纳时，在传递过程中，或多或少地都会出现一些意义上的缺失。德韦克曾经表达过自己的忧虑，随着儿童的努力被夸奖得越来越多（总体来说是一件好事），则努力本身可能成为主要关注点所在，但在德韦克的理论中，努力并不是主要目标，而是为了实现良好学习效果的一种手段。对于没有达成任何实际学习效果的努力，进行空洞的赞扬（“做得好！你做的纸飞机没有飞起来，但是你已经竭尽全力了！”），可能不会有太多的积极作用；相反，我们真正需要夸奖的努力，应该重点关注儿童如何学习克服挑战的全新方法。（“做得好！你的确已经竭尽全力了。我很好奇，下次为了飞得更远一点，你会再做哪些改动。”）换言之，仅仅告诉儿童去全力以赴，然后因为他付出了努力就给一个金星作为奖励，倘若这努力毫无意义的话，那么这种做法甚至会产生反作用，因为孩子在这个过程中并没有领悟到新的知识，而且，这样做甚至可能会在某种程度上让孩子形成固定型思维，认为接下来他可能将继续遭遇失败。

还有一种顾虑指出，随着德韦克的理论在美国教育系统中愈加普遍——她在2006年出版的《终身成长：重新定义成功的思维模式》（*Mindset：The New Psychology of Success*）一书至今仍非常受欢迎——“成长型思维”这一术语如果没有被透彻地理解，或许会沦为一个毫无意义的时髦词汇。譬如说，很多教师知道他们应该详细讲解成长型思维，而且，他们甚至应该多多使用*“成长型思维”*这一术语，从而标榜自己非常熟悉最新的教育理论。只不过问题在于，德韦克的理论虽然很受欢迎，但如果固定型思维仅仅被人理解成需要恐惧、需要掩饰的事物，那么就会导致*错误的*成长型思维产生。还有非常容易被人忽略的一点，培养成长型思维，并不仅仅是要表扬孩子们的成功，还意味着要帮助他们从失败中恢复过来。德韦克最近的一项研究发现，某些教学方式虽然也支持成长型思维，但仍然将学生的错误视为有害的、需要加以避免的事物。对德韦克来说，在现实生活中，失败反而是一种学习的方式。

或许，你会认为德韦克的理论听起来特别像是在说“你们所有人都超级聪明”，带有二十世纪八十年代“为每一个人颁奖”的养儿育女方式的色彩。上述做法之所以出现，原因是人们对于自尊的重要性的关注出现了偏差，直至今日仍然在很多方面有所体现。但是，德韦克的理论实际上完全与这些做法背道而驰。它所关注的并不是要掩饰不同个体在能力上的差异，也不赞成假装每一个人都是相似的，而是要根据每个儿童的实际水平，满足他们的学习需要，并且帮助他们全力以赴地做到最好。对于德韦克的理论的最真实的应用，并不意味着使用毫无差别的或者毫无意义的赞扬。相反，应该教会孩子这样的道理，刻苦努力有利于学习，而学习则有利于成长进步——甚至可以说，尤其是那些通过错误而实现的学习，可能更加有利于成长进步。

人格心理学

个性：我们因它而恨着某些人，爱着某些人。因为它，我们的行为方式不同于我们的朋友、家人和同事，它体现了我们作为个体的精髓之所在，令我们与周围的人迥然有异。个性被定义为将我们与其他人区分开来的一系列持久的心理特征，而且，这些特征能够导致个体在不同情境下体现出可以预测的行为模式。你是如何知道你的妈妈会在服务员弄错点菜单时怒不可遏的呢？这就是个性的问题了。妈妈的行为和你的爸爸、姐妹或者老板的行为完全不同，因为他们的人格特征完全不同。

人格心理学家相信，在解释行为时，个体差异是最为突出的。他们固然同意某些普适性规则掌控着人类的本性，但是，每个人具体的特质——从言语中常带讽刺，到对秩序心怀喜爱，从害怕人际冲突，到讲话时唠叨不休——才是最具有影响力的。在心理学的所有领域中，只有人格心理学最为关注究竟是什么让我们成为与众不同的人，不论是好的方面还是坏的方面。而且，这一领域穷数十年之功，试图去理解那些组合成我们人格的具体特质，究竟如何才能被量化、被理解，其成果诞生了一系列理论，让我们在解释人类行为的道路上取得了长足的进步。

高尔顿·奥尔波特
Gordon Allport

生于1897年，出生地：印第安纳州，蒙特祖玛。
卒于1967年，逝世地：马萨诸塞州，剑桥市。
毕业于哈佛大学和剑桥大学。

核心思想

高尔顿·奥尔波特（Gordon Allport）被视作人格心理学的早期创建者之一，他反对精神分析学的观点。他认为，精神分析学探究得太深了，用那些与事实并不相干的论点去解释行为。而行为主义，又不够深入。在奥尔波特的理论中，包含人格特质与行为的交互作用，着力去探索个体差异如何在环境中有所体现。同时，他对于自我的目的的阐述，也跨界进入到了人本主义心理学之中，在该领域，他的影响力亦不容小觑。

奥尔波特曾经于1922年会晤过精神分析学的创始人西格蒙德·弗洛伊德。这是一件非常著名而且充满趣味的奇闻轶事，突出体现了他与精神分析学之间的分歧。彼时，奥尔波特刚刚二十岁出头，一路乘坐火车来到维也纳，与弗洛伊德交谈。在奥尔波特到达之后，弗洛伊德缄默不语。为了打破沉默，奥尔波特描述了自己在火车上的所见所闻：一个年幼的小男孩，显然非常讨厌尘土，他拒绝坐在肮脏的人曾经坐过的位置上，也不愿意挨着他认为不干净的人坐。奥尔波特对弗洛伊德说，他感觉问题出在男孩的妈妈身上，这个妈妈看起来非常专横跋扈，或许正因如此才使得儿子养成了这种态度。在奥尔波特讲完这个故事之后，弗洛伊德看着他，然后问道："那个小男孩就是你吧？"

这个故事读起来完全就是一个笑话——里面的弗洛伊德实在是太过"弗洛伊德"了，都有点像讽刺漫画了。但是，对于奥尔波特而言，这一次令人尴尬的交流，则进一步强化了他对精神分析学的批评。不，那个小男孩并不是他；而且，他如果是那个小男孩，就不会如此讲述这个故事了。他感到，可以肯定的一点是，精神分析学对于行为的解释并不总是精确无误的，有时候甚至是完全误入歧途。

奥尔波特是特质理论的早期倡导者之一。特质是存在于我们人格之内的具体的特征，它们不仅将我们与其他人区分开来，而且不会因时间推移而有所改变。按照奥尔波特的观点，我们不仅拥有不同类型的特质，而且它们之间还存在着不同的重要等级。**"首要特质"**是最罕见的，在个体的人格当中居于中心位置，基本上能够定义一个人。并不是每一个人都拥有首要特质，只有部分人才拥有它（譬如说，埃比尼泽·斯克鲁奇[1]，他的存在基本上就是这一特质的同义词）。**"中心特质"**虽然没有包罗万象，但是，它们共同形成了我们的人格特征；我们每一个人都拥有五到十个中心特质，其中包括"诚实"和"攻击性"等。此外还有**"次要特质"**，指只有在某些背景或者情境下，方才出现的人格特征，它们包括比一般泛泛而谈的特质更加具体的偏好与态度。或许，你在大型聚会上会感到极端焦虑，或者在匆忙状态下会极

① Ebenezer Scrooge，狄更斯小说《圣诞颂歌》中的人物，以吝啬著称。——译者注

端易怒。次要特质这一概念引入了情境因素的重要性，这是很多其他特质理论忽略的地方。“特质”这一词语的意义最终变得重大，含有极其严格、可以量化的内涵，于是奥尔波特转而开始使用*“气质”*一词，指同一特质在不同情境和不同人群之间的不同表现方式。举例而言，好奇心，在两个人身上的表现就不一定完全相同。奥尔波特还认识到，在某一文化内部常见的特质并不一定在其他文化中同样常见。

奥尔波特对于“自我”提出的术语是**“自我统一体”**，主要强调那些促使我们不断向前、敦促我们成长进步的品质。他提出的理论认为，某些人格特质相比其他人格特质，与自我统一体的关联更加紧密。自然而然地，如果你拥有首要特质，那么它们对你的定义程度就要比次要特质更强，而中心特质则居于两者之间。奥尔波特使用术语*“自我统一的机能”*，指我们之所以做某些事情，是因为它们与我们的真实自我一致，与我们看待自己的方式一致，也与我们在世界上扮演的角色一致。

他还相应地提出了*“持续的机能”*这一术语，指我们在当下充分采取行动的能力；我们动力的源头，与动力本身相比，并不那么重要。奥尔波特并不认同精神分析学派的观点，并不认为我们一定要与过去的负担捆绑在一起。根据奥尔波特的观点，不论任何时候，我们都能够按照有意识的自由意志采取行动，并不完全受到无意识的驱使。**“持续的机能自主”**允许某些行为仅仅依靠习惯的力量继续存在，即便在最初的目的已经达成之后，仍不消失。举例而言，譬如说，在你二十岁出头的时候，你住在一栋非常吵闹的公寓大楼里，为了能让自己在夜间安然入睡，你购置了一台白噪声机。这样连续坚持了数年。如今，你已经五十多岁了，很久之前就已经开始住在一幢安静的房子里了，不过，你却仍然在使用白噪声机。某时某刻，你完全适应了白噪声机的存在，以至于失去了它，你就无法入眠，即便其最初的目的已经不再存在，而且你也不再需要用它去降低背景噪音了。

而**“自我统一的机能自主”**，与其说是习惯的结果，不如说是价值观的结果。它主要指的是：我们的行为方式反映着我们对于自身的界定。奥尔波特，与其同事菲利普·弗农（Philip Vernon）及加德纳·林德赛（Gardner Lindzey）一道，开发出了一套测量价值观的工具，使用数十年之久。其主要依据是1914年德国心理学家爱德华·斯博兰格（Eduard Spranger）确定的六个价值观类型：理论型、经济型、审美型、社会型、政治型和宗教型。

最后，奥尔波特还就心理成熟的意义提出了自己的观点，他的看法与人本主义心理学更为接近。他的理论认为，达到心理层面的成熟，既需要拥有一整套具有适应性的健康特质，同时还要有一个发展良好的自我统一体（也就是说，自我的感觉要与上述特质相一致）。成熟的实现需要以七个不同的标准为基础，所有标准都涉及个体与世界进行联系的方式：

- 自我之拓展，意味着要融入到其他人和集体之中。
- 热情的关系，指的是对于他人要予以信任、真诚和共情。
- 情绪上的安全感，以及接纳自己的能力。
- 现实性的感知，这意味着一个人要对自己诚实，不能有所掩饰。
- 以问题为中心，这使得个体能够克服挑战。
- 自我客观化，意味着一个人要切实地了解自己，同时要能够观看到全局。

- 做真实的自我。

重要影响

高尔顿·奥尔波特不仅引领着诸多后续的人格研究者，而且对亚伯拉罕·马斯洛和卡尔·罗杰斯的人本主义疗法也产生了强烈影响。在奥尔波特的学生中，有所成就者包括斯坦利·米尔格拉姆（Stanley Milgram）和安东尼·格林沃尔德（Anthony Greenwald），后者的“内隐联想测验”[与马扎林·巴纳吉（Mahzarin Banaji）共同开发]打破了人类对于“偏见”的固有想法，并且表明，无意识的偏见在大众当中是多么普遍地存在着。

于我而言

你如何定义自己？你是否是一个善良的人？有时候比较善良？从来都不善良？还是几乎总是很善良？或许，和其他数以百万计的人一样，你在善良这一维度上只是处于平均水平。如果是这样，那么善良似乎就无法界定你。它对你来说并不是首要特质，事实上，你甚至可能并不拥有任何首要特质。它同样也不是一个中心特质，因为无论善良与否，都无法将你与其他人精准地区分开来。

不过，再让我们假设，在某些具体情境下，你的善良能够被激发出来，而且，其表现方式会将你切实地与其他人区分开来。或许，你对于那些误入歧途的青少年尤其感同身受，可能是因为你曾经也走过相同的路。节假日来临之际，你会给青少年慈善基金捐很多钱。或许，善良归根结底还是你的特质之一，只不过，它仅仅是一个次要特质而已。当你一路挣脱拥挤的人群在地铁上争抢座位时，或者当你开车被堵在路上冲他人嚷嚷时，这个特质不会体现。但是，一旦出现在特定情境，这个特质就会出现，并以某种具体形式体现。

同样的情况可以适用于其他任何特质，从诙谐幽默，到充满活力，从容易受惊，到井井有条。只有很少数人会完全被一个首要特质所界定，比如像守财奴斯克鲁奇或者特蕾莎修女那样的标志性人物。但是，对于绝大多数人而言，不同层次的特质会叠加起来，才最终成就了我们。

奥尔波特对于价值观的分类也说明了我们是如何与其他人进行比较的。我们的价值观不仅能够反映出我们认为生活中什么是最重要的，而且还能够解释我们为什么会被不同的职业领域所吸引，或者为什么设定了特定的目标。拥有*理论型*价值观的人着力去寻求真理，所以有可能会成为科学家或者哲学家。他们会进行调查和分析，从而竭尽全力地去更好地理解生活真谛的基础是什么。拥有*经济型*价值观的人强调实用性，他们希望能够创造出有用处的事物，是不折不扣的功利主义者。他们很可能对于财富的积累比较关心。拥有*审美型*价值观的人，认为和谐的经历与美丽非常重要，而且很显然更有可能参与到创造性的艺术之中，并且将其作为一个全职工作或者兼职工作。他们会去追求对称和优雅，而且在某些情况下，也可能更加注重风格化的表达，而非单纯描述真相。拥有*社会型*价值观的人最感兴趣的是其他人和人际关系。他们更加关注人与人之间的联系，更加倾向于去寻找亲社会型的工作，这些岗位无不强调集体感以及人与人之间情绪上的联系。根据奥尔波特提出的*政治型*价值观定义，这些人对于权力有着较为强烈的渴望。权力或许来自政治界中的工作，也可能来自其他行业。即便是后一种情况，重视权力的人仍然会通过采取各种行为，着力使自己成为一名领导者。而那些拥有宗教型价值观的人则主要寻求一体感，尽力去寻找自身与整个宇宙融为一体的方式，同时，他们不仅会去理解自己在宇宙中的位置，还会去理解生活中的一切事物——或许还包括宇宙——组合在一起的方式。

你选择将自己的生活投入到什么中去？或者，退一步讲，你选择将自己接下来几年的时间投入到什么中去？是什么价值观驱动着你实现了具体目标？读者或许能够将自己归结到六个价值观架构之中的一个，又或者，你发现自己是两个或者更多个架构的混合体。也许在生命早期，你主要受一种价值观驱动——譬如说经济型价值观，因为你长期耳濡目染，将赚钱维持生计视作最重要的事。成年之后的前一二十年，你将精力都用在打拼事业上，顺利进入到了中间管理层，薪水不错，未来的生活看起来一马平川，这令你感到十分满意。但是人到中年，你却发觉了志愿者工作的乐趣，或者绘画的恬静，或者精神追求的充实，此时你突然发现，驱动自己生活的价值观已经完全改变了。按照奥尔波特的机能自主理论，这其中的美妙之处在于，我们时刻拥有着在人生中途改变自己的空间和自由。

雷蒙德·卡特尔
Raymond Cattell

生于1905年，出生地：英格兰，希尔拓普。
卒于1998年，逝世地：夏威夷州，火奴鲁鲁。
毕业于伦敦国王学院。

核心思想

请勿将雷蒙德·卡特尔（Raymond Cattell）与詹姆斯·麦基恩·卡特尔（James McKeen Cattell）相混淆，后者的出生时间比前者早上45年，后者是美国首批心理学教授之一，也是一位开发出数套早期智力测验的研究者。雷蒙德·卡特尔在智力研究领域的影响力不容小觑，但是他最为出名的，是他对于人格心理学的探索。其最大的贡献之一，是*“卡特尔十六种人格因素量表”*（16PF），是基于16种人格因素的人格测验。卡特尔认为，这些因素能够定义人类。卡特尔采取的是词汇方法，其出发点是人类用来描述特质的语言，同时还以高尔顿·奥尔波特的科研成果为基础。

卡特尔相信，人格特质共包括三大主要来源——生活数据、问卷数据、T数据，而且，一个特质如果要得到证实，就必须要得到上述三个来源的信息的证实。*“生活数据”*是指生活记录——它们是可以通过他人，或者通过个体与社会进行互动的过程，所能收集到的信息，譬如，庭审记录和同伴评价等。*“问卷数据”*主要是自我报告的个体特质。*“T*

数据”（实验数据）主要指的是在实验情境下获得的客观人格测验，即在这些实验中，被试甚至可能并不知道是在测试他们的人格。

后一种理念——测验目的不要向被试明确介绍——非常重要，因为人格测验的结果或许会受到**“自我服务偏差”**的影响。所谓“自我服务”，指的是我们都希望将自己看作一个优秀的人，同时还希望对我们进行人格测验的人也认为我们非常优秀。这也是很多风靡于社交媒体上的非实证性人格测验的缺点之所在：你是否是一个诚实的人？你在情绪方面最大的优势是什么？你最接近于电视剧《生活大爆炸》（*Big Bang Theory*）中的哪个角色？在回答这些问题的时候，我们很容易倾向于让自己“看起来”十分优秀；毕竟，很少有人愿意将自己描述成一个“不诚实”或者“情感上不坚强”的人。所以，我们可能也倾向于会稍稍假装一下，不仅在测验中会这样，在审视自我时，同样也可能会自欺欺人。

某些拥有高度**“表面效度”**的测验，尤其会受到这种伪装的影响。如果一个人格测验在表述上十分明确地说明了测验目的，那么，个体试图塑造优良形象的意愿就会尤其强烈。不过，更加成熟的人格测验对于测验目的的表述则不会那么明显。

卡特尔在研究中主要以儿童、青少年和成年人为样本，而且他还收集到了不同文化下的数据，从美国到巴西、新西兰、印度和日本，横跨东西。他运用**因素分析**来确定**表面特质**和**根源特质**。卡特尔使用“表面特质”这一术语来指代对于一个人具体的、更加表面的描述语——这些特质在不同的情境下可能时隐时现；而“根源特质”这一术语则指代的是那些更加具有根本性的特征，它代表着人格的真实因素。“16PF”问卷中的十六种人格特质全部是根源特质，卡特尔认为，它们具体包括：乐群性、聪慧性、稳定性、恃强性、兴奋性、有恒性、敢为性、敏感性、怀疑性、幻想性、世故性、忧虑性、实验性、独立性、自律性和紧张性。卡特尔很可能是第一位以人格特质为主题使用计算机进行因素分析的科学家，这使得他可以用于统计的数据量大幅度提升。卡特尔在进行计算和测量时，可谓极度精准，这备受好评，而且，他大幅推动了**心理测量学**——从属于心理学领域内的测量学——领域大步向前发展。

卡特尔的理论还进入到了智力领域。他区分出了两种不同类型的智力：晶态智力与液态智力。**晶态智力**是指随着时间的流逝而积累的信息——通过教育（也可能是其他

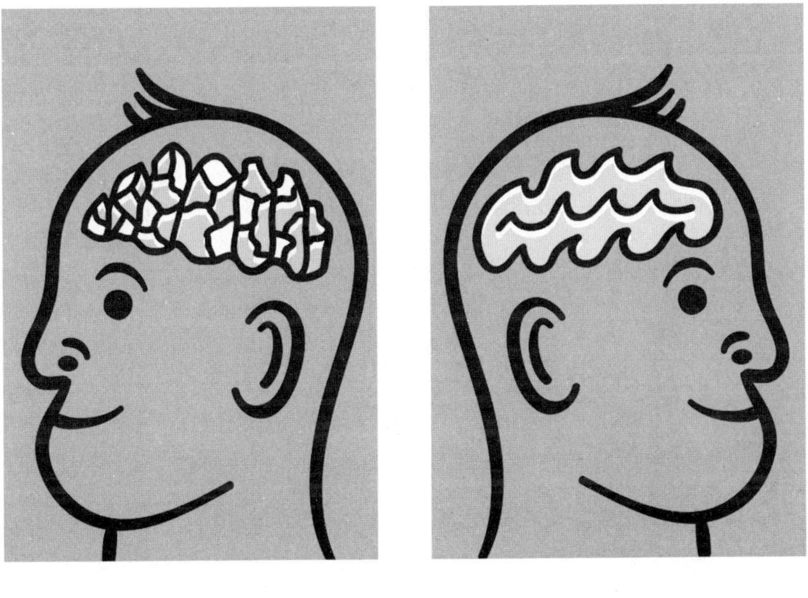

方式）在大脑之中不断获得固化的数据和知识，以及在决策中使用这些信息的能力。**液态智力**指的是个体利用上述信息做事情的能力；它具有适应性，主要包括即时解决问题的能力。

重要影响

雷蒙德·卡特尔提出的特质理论和因素分析法，引领着后续的研究者进一步去探索心理特征并且将其分解为不同的显著特征组。他的科研成果是后来的“大五人格理论”的先驱，该理论将特质的数量缩减到五个，具体包括：外倾性、宜人性、神经质或情绪稳定性、开放性和责任心。

于我而言

很多在线交友网站都有人格测试。但是，根据卡特尔的16种人格测验理论，人格因素，即便能够被清晰地确认，也需要考虑程度上的问题。即使我们喜欢伴侣的某一个特质，譬如说心思细腻或者自力更生，该特质如果表现得过于强烈或者过于缺乏，也会成为一个问题——一个心思细腻的人有的时候也可能过于多愁善感，而一个自力更生的人有的时候也可能会由于封闭自我，而无法维持一段亲密关系。此外，读者还须切记，人类当然是渴望美化自我的，尤其在交友网站上更为如此，再加之我们人类在衡量自身时，本就无法做到完全公正客观，所以，一个人在个人资料里的人格描述，或许并没有描绘出这个人的全貌。

亚伯拉罕·马斯洛
Abraham Maslow

生于1908年，出生地：纽约州，布鲁克林。
卒于1970年，逝世地：加利福尼亚州，门罗帕克。
毕业于纽约城市学院和威斯康星大学。

核心思想

亚伯拉罕·马斯洛（Abraham Maslow）的人本主义理论已经渗透到我们文化的点点滴滴之中，它提示着人类：我们是多么渴望在力所能及的范围内努力成为最好的自己，以及我们究竟拥有哪些能力。虽然，马斯洛最初是一位行为主义学者，并在哈里·哈洛麾下研究过依恋，但是，他最为人所熟知的理论在本质上却并不具备实证性，这也是学界对他最常见的批评意见。尽管如此，他对于人类的需求、价值观和成就的理念，以及他所提出的**“自我实现”**的概念，却为将来的研究奠定了坚实基础，指引着研究者去探索：作为人类，我们究竟如何才能实现自身的潜能。

马斯洛最为人所熟知的，是他所称的**“需求层次”**理论，其中“自我实现”处于所有层次的最顶端。他的灵感主要来源于他的两位导师，一位是人类学家鲁斯·本尼迪克特（Ruth Benedict），另一位是格式塔心理学家马克斯·韦特海默尔（Max Wertheimer），这两位学者并没有亲身研究自我实现，但马斯洛认为，他们就是自我实现的杰出代表。

在马斯洛看来，他们两人无论从职业上还是为人上，都卓有成就，待人和善，而且关心他人，他们看起来似乎都拥有着比自身更伟大的目的。马斯洛通过先前在哈洛指导下的研究已经发现，需求的产生是存在程度上的差异的，而不同的需求也会相互之间进行取代（假如你已经无法呼吸，那么你就不再去忧虑口渴；假如你已经因为脱水而马上会死去，那么你就不再担心自己没有房子住）。马斯洛将需求的概念予以拓展，把社会性需求、情绪性需求和心理性需求亦纳入其中。需求层次可以用一个阶梯表示，只有在下一级的需求得到满足之后，上一级阶梯的需求才能够满足。

阶梯——或者说需求层次——的底层，是生理需求，包括从氧气到睡眠再到维生素，从排泄废物到避免痛苦再到从事性行为等一切事物。下一个层级代表与安全和稳定相关的需求——包括那些与保护、稳定，也许还有结构与秩序相关的事物。接下来是与爱和归属感相关的需求，其中包括亲情和人际间的关系、集体感，还可能包括找到一个伴侣或者一份有意义的职业。与自尊相关的需求处于下一层级：羡慕、注意、认同、欣赏、自我尊重、独立、自由、信心，还有成就感。

上述所有需求都是马斯洛所称的“匮乏性”的需求，简称*匮乏性需求*，如果这些需求没有被满足，那么个体就会迫不得已地去填补这些空隙。但是，一旦这些需求得到满足，你就不再拥有额外的动力了。譬如说，当你喝下一大杯冰水，不再口渴之后，你就不会再想喝水了，因为你已经得到了满足。

马斯洛还说，在面对危难时，我们可能会在需求层次上有所下降（假设你所在的街区犯罪频发，那么不出多久你就会更加关注安全和稳定，至于友情则不妨稍后再说）。如果你曾经有某些需求严重受损，或者长期得不到满足——譬如说，儿童阶段长期饥饿，或者饱受虐待——你可能会在余生都固着于那个需求之上（一个非常具有弗洛伊德风格的理念）。

处于需求层次顶端的并非匮乏性需求，而是马斯洛所说的“存在性”的需求，亦即*存在性需求*。马斯洛提出，这些需求包括善良、真理、美丽、娱乐、生机和一体性等事物。正是在这一阶段，自我实现的需求才得以形成。与匮乏性需求不同，存在性需求从来都无法真正得到满足，不过，对于那些已经上升到这一层次的个体而言，存在性需求的推动作用是具有持续性的。马斯洛研究了知名人物和无名之辈的自传，观察其中的模式和特征，然后总结道，每50个人之中，大概只有一人能够达到自我实现的程度。他指出，那些自我实现的人是脚踏实地的问题解决者，他们既能够安然独处，也能够建立起富有意义的亲密关系。他们独立自主，不会轻易地因为同辈压力或者顺应社会的需求而动摇。他们能够坦然地接受自己，也能够接受他人，他们拥有幽默感，而且不会借此去攻击他人。他们的思想和行为是完全自发的，不会汲汲营营地算计，亦无须戴上面具示人。按照马斯洛的观点，那些自我实现的人拥有谦逊感和尊敬感；马斯洛将他们的价值观称作*民主式价值观*。他认为同情以及对他人的兴趣，是人类亲密关系以及强烈的道德感中重要的因素。马斯洛所说的自我实现者们十分具有创造性，他们认为生活是需要进行探索的，要对生活心存感恩，而且，尽管他们并不十全十美，但他们却在完全真实地生活着。他们不会过度地专注于自我，而是更愿意去关注自己正在竭力克服的挑战，或者正在着手解决的难题。

重要影响

马斯洛提出的理论，在推动心理学领域人本主义运动的过程中助了一臂之力，显然，它为后世积极心理学的研究奠定了坚实基础，也使得研究者不再仅仅关注心理障碍和疾病，转而去研究成长、喜悦和充实感。马丁·塞利格曼（Martin Seligman）是领导人本主义运动的一位当代心理学研究者，就直接受到了马斯洛科研工作的影响。马斯洛的科研工作与维克多·弗兰克尔的某些研究成果存在着相似之处，当然，两者之间也存在着显著的差异（譬如说，弗兰克尔认为，即便在最为令人绝望的情境下，仍然能够找寻到意义。而马斯洛则坚持提出，只有在低层级的需求得到满足之后，个体才能够去竭力追求自我实现）。

于我而言

你在生活当中是否曾经经历过那种令你感觉一切都恰好完美的时刻，即便这时刻转瞬即逝？或许，那是当你在度假期间，看到极其壮美的日落之际；或许，那是当你费尽千辛万苦，终于成功毕业之际；又或许，那是当你看到自己的妹妹经过治疗，最终被医生宣布癌症痊愈之际。这个时刻可能非常平淡——你看到自己的父亲在和你的儿子开玩笑；别人对你伸出援手，令你心存感激；或者，你在高速公路上，被一片极其美丽的野花所震撼。根据马斯洛提出的术语，这些都属于*“巅峰体验”*。它们能够带来情绪上的（有些人认为甚至还有精神上的）

冲击。它们通常体现为促使我们不断在生活中前行的愿景，那些给了我们前行理由从而被我们所牢记的事物。马斯洛指出，假设你的这些体验越来越多，那么你就已经踏上了正轨，因为你正在通往自我实现的道路上。

有些人认为巅峰体验在某些方面与最早由米哈里·契克森米哈赖（Mihaly Csikszentmihalyi）提出的“心流”这一概念较为相似。心流指的是你“处于巅峰体验”时的感受：你十分专心致志，而且感觉良好，全身心投入到一项任务之中，其他事物已经显得无关紧要。你既受到挑战，又十分放松，可谓恰到好处。你或许在洗刷餐具，签署行政命令，或者其他任何事情，时间就这样静静地流逝，你在彼时彼刻得到了充分的满足。而与心流相反的就是盯着钟表计算时间。

当然，这些绝对属于生活中最为积极的体验。你上一次拥有这种体验是在什么时候？或者，你是否足够幸运，总是能够体验到这种感觉呢？显然，运气并非唯一的因素。马斯洛指出，那些竭力追求自我实现的人，更有可能会梦想成真。那么，究竟谁真正地达到自我实现的程度了呢？除了马斯洛提及的历史人物范例，你在生活中是否一直以来都羡慕着某些人呢？一位充满爱心的阿姨，一名睿智而大度的导师，一个处事稳重且处处支持他人的朋友？你是否曾经详细思考过究竟是为什么这个人如此振奋人心？或许，你甚至曾经尽力去成为和他相似的人，最终却发现毫无可能。那个人身上似乎有一种特质，无法简单地用具体的言语进行描述。想要理解一个人缘何成为现在的他，与其说是一门科学，不如说是一门艺术。

也正是这些凤毛麟角之人，容易被我们视作自我实现的人，而且，他们也更可能会激发出我们内心深处的敬畏之情。不过，从自我实现这个概念来看，他们只不过是在做自己而已。单纯地模仿他们，或者将我们改造成为其他人的“复制品”，对我们来说没有丝毫益处。因为，按照马斯洛的观点，自我实现之人的一言一行，严格地遵循那些完全发自内心的原则，并没有过多的算计或者诡计。对自己真诚相待是什么意思？你最珍视的事情是什么？是通过艺术、音乐或者写作去追求美丽、和谐和真理吗？在耐力和力量上有所突破，并且通过锻炼达到脑内啡的释放吗？马斯洛很可能会说，我们必须首先审视自己内心，在那之后，只要是前进的每一步都与自我价值观相统一，那么，任何一步都会组成自我实现的旅程。没有既定的路线地图，没有所谓的完美无缺。而且，最激励人心的是，也没有最终的“成品”——正因如此，马斯洛提出的“自我实现”这一术语在英文中是*进行时*，而不是*完成时*。

汉斯·艾森克
Hans Eysenck

生于1916年，出生地：德意志帝国，柏林。
卒于1997年，逝世地：英国，伦敦。
毕业于伦敦大学学院。

核心思想

汉斯·艾森克（Hans Eysenck）对心理学中的若干领域都有着浓厚的兴趣，他的著作包括关于智力测验、行为主义疗法、生理学和基因学等方面的论文。但是，他最丰厚的遗产依然属于人格心理学领域，他使用包括因素分析在内的实证性方法和数据统计手段，确定了能够将人与人之间区分开来的不同纬度。

因素分析，是指在收集了大量数据之后，确定其中具有数理显著性的、联系较为紧密的类别，即所谓的“因素”。为此，需要检测每一对数据点之间的相关程度，判断哪些数据点的变化趋势较为一致。因素分析已经成为人格心理学家的常用“撒手锏”，通常从语言中描述人格特质的单词开始，加以具体运用。研究者会首先收集大量日常生活中使用的一系列单词，然后测量其中哪些单词在描述一个人时重合度较大。譬如说，“*举止有教养*”和“*礼貌*”可能会呈现紧密的相关；而“*有爱心*”或许与上述两个词都存在一定的重叠，但同时又有所差异；“*友好*”则可能处于中间位置。

艾森克大胆地将人格特质归结为两大主要因素，他认为这两大因素能够全面地描述人类：*内倾型/外倾型*，以及*神经质*。前一个因素是在卡尔·荣格的学术结果的基础上加以扩展的，尽管艾森克是精神分析学的坚定反对者。后一个因素——神经质，主要指的是一个人的情绪稳定性（或者情绪不稳定性）的高低。艾森克认为，这两个维度之间彼此独立，而且可以被视作相互交叉的两轴，这就为将人格划分为四种类型奠定了基础。他为每一种类型都取了一个名字，借用的是希波克拉底在两千多年前确定的四种气质名称：*抑郁质*（容易忧郁）、*胆汁质*（冲动）、*粘液质*（冷静而克制），以及*多血质*（使人愉快）。在希波克拉底的定义当中，人类身体内存在着不同的体液，而上述人格类型则与各种体液的程度高低存在相关，它们分别是：黑胆汁、黄胆汁、黏液和血液。艾森克并没有完全认同这一理论，但是，他却非常认同生理在人格中扮演着重要的角色这一理念。同时，他还相信，这种人格类型在遗传上是不可根除的。

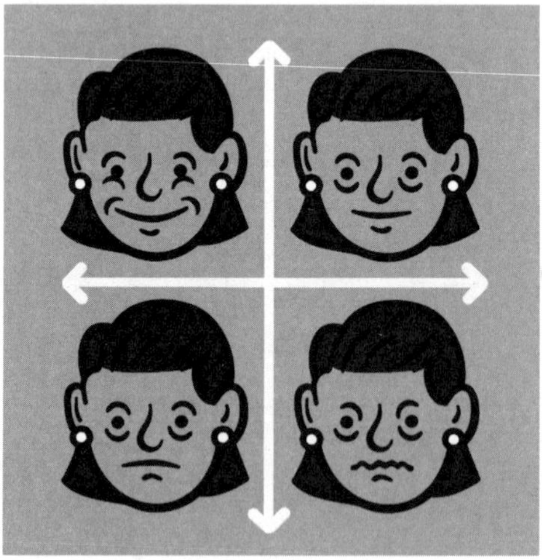

为了进一步探究上述概念，并且去解释我们的身体究竟是如何造就我们独特的人格类型的，艾森克将目光投向了生理学。譬如说，他提出假设认为，神经过敏症一定与交感神经系统的敏感性存在关系：按照他

的观点，神经敏感性较高（或者说较为焦虑）的人，交感神经系统的活跃性也比较高，即便受到轻微的触动，也会进入“战斗或逃跑”模式。我们都曾体验过自己在面对恐惧时，身体各部位所做出的行动准备（或者因害怕而呆若木鸡）——心率大幅提升，呼吸变得极为急促，而手臂上的毛发也会根根竖起。

艾森克关于内倾型和外倾型的理论也超越了荣格，进入到了生物领域。按照艾森克的观点，上述两种人格涉及了**“兴奋”**与**“抑制”**这一维度，而且取决于我们在这两种极端情况之间如何进行取舍。对艾森克而言，兴奋就意味着警觉性的提升，此时，大脑已经处于完全的注意状态。抑制则反其道而行之，此时，大脑会竭力屏蔽刺激，甚而会进入睡眠状态，以达到冷静下来的目的。艾森克提出，一个人的外倾性越高，那么其抑制过程就越为强烈。这听起来似乎与直觉不符，因为普通人在想到抑制时，难免将其与行为上的克制混为一谈——譬如，过于害羞，以至于无法与人交谈；又或者过于焦虑，以至于无法表达真实的自我。但请切记，艾森克所谈论的，乃是生理层面上的抑制，并非行为层面上的抑制——他所说的是我们的身体如何抑制住唤醒状态——所以，抑制越强烈，则我们避免自己变得过度焦虑的能力就越强，我们在不过分封闭自己（如内倾者一样）的前提下适应外部世界（如外倾者一样）的能力也就越强。

艾森克的理论指明，正是因为如此，外倾者与内倾者之间的区别，不仅在于他们对待其他个体的方式，也在于他们应对自己所处环境的方式。外倾者即便处在嘈杂的环境中，仍然能够安心学习，不会受到过度刺激，或许，他们甚至更愿意在学习时有一些白噪声当背景。曾有观点指出，外倾者在咖啡因的帮助下，与内倾者相比，绩效会更加出色；在做决策时，也更喜欢拥有大量的信息。这全部是因为他们的神经系统更加难以出现负荷过重的情况，而且，令他们达到兴奋水平的阈值也更高。

人格的特质理论不乏反对者，人格究竟能够在多大程度上超越情境和背景，也是至今仍然悬而未决的问题（这也是人格心理学与社会心理学的分歧之所在）。除此之外，“基因造成人格差异”这一理念，今日亦已不再那么确定。艾森克对于遗传因素的关注，提出不同种族在智力上的差异或许是广泛存在并且会代代遗传的，也让他走向了充满争议和论战的道路。尽管如此，艾森克为了验证人格差异，采取了数理统计和生理学成果的这些做法，仍然代表着人格心理学领域的一大进步。

在仅仅关注内外倾这两大主要人格因素一段时间之后，艾森克意识到，或许自己对于某些人群类别并没能够进行深入调查。因此，他开始在精神疾病医院收集数据。最后，这令他加入了*“精神质”*这一因素，他用其代指攻击性、冲动性及反社会性的特质。（请读者勿将其与当代学界对于精神病的定义相混淆，后者特指与幻觉和妄想相关的体验。）

重要影响

艾森克的研究为后续研究奠定了坚实的基础，引领着研究者去探究生理过程与行为之间的关系，并且对人格的特质理论进行完善。正是因为他的成就，学界才更加认识到了基因对于人格的影响，亦认识到了测量在心理学研究中的重要性。他同时还支持某些非常具有冒犯性和争议性的观点，譬如，一个人出生时的行星排列会影响他的人格；而吸烟的人之所以更容易罹患癌症，原因并不是烟草，而是人格及体质因素与吸烟之间的交互作用。

于我而言

当你想到自己的亲朋好友时，你对他们了如指掌，你知道如何在内倾型和外倾型、情绪稳定性和不稳定性这两个维度上对他们进行打分。虽然这两个分类看起来简洁明了，不过，如果你像艾森克一样，将它们结合起来形成四分结构，那么，你就会惊异于其中所包含的特征的数量之多。

抑郁型人格——高不稳定性及内倾型——可以定义为安静、悲观、拘谨和多愁善感。我们显然很了解这种人。其中一些人虽然在情绪上饱受困扰，但是却极富才华：神秘莫测的艺术家、痛苦万分的作家，还有那些永远处于黑暗阶段的歌手，等等。他们能够认识到自己的想法，但是，带着这些想法生活却无法令人淡然处之。外部的事物如狂风骤雨，但是他们却会逃离这个世界，退回到自己的感受之中，这会进一步给他们增加压力，让他们越退越远，或许，最终他们能够找到自我表达的方式，从而缓解压力。

现在，让我们探讨一下胆汁型人格——外倾型和不稳定性程度都比较高。如此，在抑郁型人格中有所体现的压力就会外露出来。或许读者就认识这样的人，一个已经完全发育成熟的成年人，却经常耍小孩子脾气，容易被激怒，而且总是紧张兮兮，其他人即便只是犯了一点小错误，这些人也会大发雷霆。或许他们总是有“路怒症”，或者在飞机上也容易因为与他人政见不合而大打出手。与抑郁型人格一样，这些人是不稳定的——他们体内的暴风在呼啸——只不过他们更加乐于向外发泄而已。他们是外向的人，并不是说他们魅力四射、广受欢迎，而是他们总是在自身之外受到外界的关注。

黏液型人格——内倾型较高而不稳定性较低——不会像胆汁型人格那样易于激怒他人，但也不会受到他人的重视。他们是内向的，而且不会被情绪的发作所左右，他们总是比较安静，而且不出风头。艾森克对这一人格类型并无多少赞美之词（只有乐观型人格得到了他的首肯），在他看来，这一人格同时会使人容易堕入懒惰和被动的深渊。我们或许都认识很多这一类型的人，他们绝对让人心情舒畅，但就是不那么引人注目。由于缺乏变幻的情绪，他们在生活中的步伐或许较为迟缓。

最后，乐观型人格——外倾型较高而不稳定性较低——能够与自己和谐相处，而且不会乱发脾气。他们通常是十分乐观的，甚至会有点不切实际；他们四平八稳，但同时也对周遭的世界充满兴趣。如果你恰巧认识这样的人，那么你可能会发现，他们的社交日程安排得非常满，部分原因在于其他人十分乐于和他们相处。

虽然我们认识的人都能够被归入上述分类当中，但请切记，艾森克在划分四种特质类型时，十分强调其维度特征；他将这四种人格类型描绘在一个X—Y轴上，所以它们互相之间能够接触，而且，一个人在每一个象限中可能会处于任何位置。在艾森克的分组中，内倾型似乎或多或少地与不健康的特质有所联系，或许是因为其在生理层面上常常需要关闭掉外部世界。尽管今时今日我们对于内倾的想法已经愈加趋向于积极，但是，艾森克的人格分类及其生理学基础，对于我们思考是什么塑造了今天的我们，却是一个重要的起始点。

社会心理学

人格心理学关注的是个体在不同情境之下都会出现的行为差异（杰克是一个死板的人，很容易发怒，不论是去餐厅点单，还是与孩子相处，都是如此；凯利总是竭力避免冲突，不论什么时候皆是如此）。而社会心理学关注的，则是人类在特定情境下的行为存在哪些共性。为什么人们在集体暴乱之中的行为与独自行动时的行为非常不同？人们从何而来的勇气去对抗强权，为什么又有一些人竟然会采取损伤其支持者利益的行为呢？为什么那些隐藏摄影的节目，从*“快拍照相机”*到*“整蛊总动员”*，如此吸引观众，这对于致力于揭示人类行为奥秘的科学研究有何启示呢？

社会心理学家不仅观察人与人之间的互动，还非常重视环境因素如何塑造了我们的行为。他们的实验通常折射出人类的行为。他们会雇用秘密的演员，看上去他们似乎是实验的参与者，但这些演员的行为在事先就已经完全安排好了。社会心理学家常常会将精力集中在观察行为上，并且会推论行为的动机可能包括哪些。某些社会心理学家，包括本书中所提及的个别人物，会将研究课题与心理学其他研究领域——认知、情绪和人格——结合起来，从而大幅拓展自己的理论宽度。

库尔特·勒温
Kurt Lewin

生于1890年，出生地：德意志帝国，普鲁士，莫吉尔诺。
卒于1947年，逝世地：马萨诸塞州，牛顿维尔。
毕业于柏林大学。

核心思想

库尔特·勒温（Kurt Lewin）通常被视为史上首位社会心理学家。作为一名对人类和文化的热切观察者，他指出，我们之所以成为我们，不仅仅源于遗传或者环境的单独作用，还包括两者之间的交互作用。某些人坚定地认为，我们的基因会决定我们的命运，或者，童年早期经历本身就能够决定我们将来会成为什么样的人。但是，不妨思考一下——遗传实际上是无法脱离环境而存在的。基因的“旨意”如果没有得到环境的支持，就无法得以呈现。假设一个人拥有灰色眼睛的基因，但是，他的母亲在怀孕的时候受到了感染，由此，他的眼睛完全没有得到发育，那么，这些眼睛颜色的基因就已经变得无关紧要了。

勒温不仅填补了遗传与环境因素之间的空档，他还用科学对日常行为进行了审视。日常生活中看起来比较琐碎的细节，一直以来都被理论家所忽略，但勒温恰恰就在这些柴米油盐酱醋茶中发现了必要的线索，能够一探“人之所以为人意义何在”的核心，而且他认定，这些线索拥有研究的价值。自然而然的，正是这一理念——日常的行为能够被测量、研究并最终得到理解——构成了社会心理学的核心要义。心理学之前往往醉心于研究成熟深奥的问题，而正是因为社会心理学，科学才被用于探索日常行为，这一理念可谓心理学领域内的一股清风。

按照勒温提出的**“场论”**，人们总是在他们自己和所处环境的框架之内做出反应。勒温是这样具体解释的：任何一个心理事件，都既取决于相关个体的状态，亦取决于环境，不过在不同的案例中，两个因素的相对重要性会有所差异。这一思想构成了一个巧妙的概念，解释了人格心理学与社会心理学如何似钟摆般共同发挥作用。某些社会力量和社会情境的影响会非常强烈，以至于个体因素被完全压制住（这是社会心理学家的胜利）；但是，如果这种影响不够深刻，则个体差异就会显示出来（这是人格心理学家的胜利）。

“勒温等式”对此进行了更加详细的说明。该假设认为，个体的行为既取决于其人格心理特征，也取决于这些特征如何针对个体所处的环境做出反应。勒温还使用**“心理生活空间”**（简称生活空间）这一术语，用于囊括个体一生之中所受到的影响之总和。个体影响本身——记忆、欲望、感觉以及与其相似的事物——被称作*“心理性事实”*。勒温指出，随着年龄的增长，生活空间会逐步加大，因为，我们不仅会加入全新的生活经历，而且还会附加上我们对于这些经历的记忆。这些经历在日后会对我们的生活产生具有意义的影响。

勒温还提出了冲突理论，其中包括三种子类型：

- 在**双趋冲突**中，个体必须在两个具有吸引力的选项之中做出抉择。
- **趋避冲突**之中只包含一个选项，但其既有积极因素吸引着我们，又有消极因素排斥着我们。

- 在**双避冲突**中，个体必须在两个不具有吸引力的选项之中做出抉择。

勒温提出的理论认为，一个人如果与某一选择或者某一目标的距离越近，那么就会感到其积极属性或者消极属性更为极端，而且，我们受到吸引或者排斥的力度也会更强。双趋冲突本质上是极不稳定的，它会促使我们迅速行动，因为我们与其中一个目标的距离越近，我们就会受到更加强烈的吸引，又由于这个目标本身就是比较符合个体期望的，我们就会将其作为最终选项。另外两种冲突从本质上是较为稳定的，会让我们犹豫不决很长时间，因为我们会在被排斥（趋避冲突）和被吸引之间反反复复，又或者在两种不同的被排斥方式之间来来回回（双避冲突）。

勒温的目光并没有局限在个体层面的冲突之上，他还研究了群体间的冲突和凝聚。“*组织发展*”这一术语听起来就像是二十世纪晚期的时髦用语——它充斥在展示白板上、便笺中和会议室里那些吱吱作响的椅子旁边——不过，早在二十世纪早期，勒温就已经开始在这一领域构建理论了。他认为，在工作环境内部存在着三种不同的风格，或称**“领导文化”**：

- 在**民主型**领导文化中，组织内部的所有成员都像是活跃的参与者，而且在领导和非领导成员之间不存在明显的差异；这一文化相对另外两种领导文化会产生更高的创造性和机能性。
- 在**专制型**领导文化中，领导们都比较死板；追随者感觉自己并没有参与到集体工作之中，相比另外两种文化环境内的工作人员也更加容易出现反叛的现象。

- 在**放任型**领导文化中，领导与非领导的界线相对另外两种文化环境更为模糊；员工的凝聚力较差，而且他们工作的连贯性也更差。

非常有趣的是，勒温最开始确定这三种领导文化的灵感，来自以十岁男孩为对象的研究——哲理小说《蝇王》[①]。

重要影响

勒温为“社会如何影响行为”这一问题建立起了基本框架，为社会心理学这一全新领域奠定了坚实根基。他在社会心理学领域所取得的成果，直接影响到了其他早期开创者，其中就包括利昂·费斯汀格（Leon Festinger），他曾师从勒温，后来提出了**“社会比较理论”**和**“认知失调”**的概念。布鲁马·蔡格尼克（Bluma Zeigarnik）亦曾受勒温督导，正是他首次发现，相较于已完成任务，人类对于未完成任务的记忆会更加清晰（如今这一现象被称作*“蔡格尼克记忆效应”*）。

于我而言

随着年纪增长，你可能会不安地感觉到，每过一年，生日到来得似乎就更加迅速。勒温提出的“生活空间”概念可以基本解释这种感受。随着年龄增加，你的生活空间会增加；你的经历、记忆不断地增加，

① Lord of the Flies，英国作家、诺贝尔文学奖获得者威廉·戈尔丁的代表作，主要讲述在一场未来的核战争中，一群孩子逃到一个杳无人烟的珊瑚岛上。起初他们齐心协力，后来由于惧怕所谓“野兽”分裂成两派，一番自相残杀后，以专制派战胜民主派告终。——译者注

同时仍然会有源源不断的经历和记忆形成，拓展着你的情感现实和心理现实。尽管如此，一年的时长却始终如一——它仍然拥有365天（闰年是366天）——因此，随着时间流逝，从上一个生日开始的这一年时间，在截至当时你的全部生命中所占的比例，也会越来越低。当你五岁的时候，刚刚过去的一年，占到你当时全部生命的百分之二十；到你二十五岁的时候，刚刚过去的一年，仅仅占你生命的百分之四；而到你九十岁的时候，刚刚过去的一年，则仅仅占到你生命的百分之一而已。正因如此，随着一年又一年的生辰来到，你好像觉得，时间过得越来越快。

勒温关于内心冲突所提出的观点，最初形成于二十世纪早期，几十年过去了，仍然回响不断。你会选择去加勒比哪个度假胜地呢——那个配有自带泳池的酒吧，饮食上佳，吊床很多，并且每一杯饮料里都有热带水果串的地方；还是另外一个拥有与上述事物相同的地方呢？（这是双趋冲突。）你是应该尽快了断一段摧残情绪的爱情，然后投身自由和心理健康的怀抱，抑或继续忍耐，将就下去，免得父母因为自己离婚而反应激烈，免得自己在财务上与另一半纠缠不清，并且免得自己在接下来的一段时间里忍受孤独呢？（这是一种趋避冲突。）当你的老板让你在减薪和每周增加十小时工作时间之间进行选择时，你又会如何决策呢？（这是一种双避冲突。）

利昂·费斯汀格
Leon Festinger

生于1919年，出生地：纽约州，纽约市。
卒于1989年，逝世地：纽约州，纽约市。
毕业于纽约城市大学和爱荷华大学。

核心思想

利昂·费斯汀格是当代最负盛名的心理学家之一，他所提出的理论已经成为社会心理学领域的重要支柱。他还是一位兴趣广泛的人，后期他研究过视知觉、历史学，甚至还投身于考古学，他认为考古学和其他任何事物一样，都关乎心理学。

费斯汀格最伟大的理论就是“认知失调”，他认为，当我们同时拥有两个看似互不相容的想法时，我们就会通过相应地调整自己的想法，从而尽己所能地将这种不一致性降到最低程度。我们并不喜欢不一致性所带来的不适感，所以，我们怀有去除这种不适感的动机，即便以改变自己的信念为代价，亦在所不惜。所谓“信念”或者“想法”，包括我们的态度、我们的观察，甚至包括我们是否承认自己曾经采取过某些行为。当大脑监测到不一致性时，我们就会变得坐立不安。由此，我们就会去搜寻让这种不一致性远走高飞的方式。

费斯汀格开展的实验表明，当我们感到自己能够主动选择自己的行为，并且能够预料到行为的结果时，这种态度的转变就会更加容易出现。当我们认为其他人并不是在强制我们时，我们也更可能对自身行为承担责任；之后，当事实证明我们的行为不合理时，我们就会感到认知失调所带来的不适感，我们会强迫性地使其变得合理化。

当我们必须在两个选项之间做出决定时，认知失调这一概念亦同样适用。我们希望说服自己：之前所做的选择确实正确。因此，我们会越来越认为自己之前选择的选项具有吸引力，而且，我们会愈加贬低自己所拒绝的选项，以避免将其同样视作一个具有吸引力的选项所带来的失调感。事实上，研究表明，投票过程当中也会出现这种行为模式——在我们为某一候选人投票之后，与投票之前相比，我们会更加推崇这位候选人。我们希望让自己的决策正当化，我们的态度和我们的行为是相互统一的，我们还想要避免那种一想到"自己本应该选择其他人或者其他事情"的时候所带来的痛苦。

费斯汀格另外一个产生巨大影响的研究领域，是社会比较理论。该理论认为，我们无时无刻不在将自己与他人进行比较，从而衡量自身的特征，估测自己的价值和能力在人群中处于什么位置。而且，我们对某一群体的认同感越强，就会越在意自己与该群体成员相比孰优孰劣。这一倾向有的时候会强化我们的观点："她相信那个观点，而她和我很相似，所以我也应该相信那个观点。"或者，它会促使我们选择相反的观点："我没法忍受她了。如果她支持那个候选人，我可能就不应该支持了。"某些情况下，它会帮助我们确定自己的能力："其他人爬完楼梯之后全都上气不接下气，所以，我的身体状况一定不会太糟。"与自己的思想或者行动独处时，我们或许会感到毫不确定，

或者完全不知所措，但是，当我们能够通过与他人进行对比，令自己的所思和所为得到正当化或者合理化时，我们的感觉就会好得多，而且我们会说服自己，让自己相信我们对自身拥有了更加精准的评价。

费斯汀格还做到了学界的很多第一，他是第一个发现地理距离的接近性在友情培养中扮演着重要角色的科学家；他还发现，只要一个人在某人旁边，双方就会逐渐变得更加熟悉，偶尔有所互动，这在友情的产生中扮演着比其他任何因素都重要的角色。有时候，我们非常幸运。那些与我们交好的同事和室友，大部分都是优秀的人。但是，如果接近性并没有给你带来最可心的友情，那么，接近性的威力看起来就不再那么“和蔼可亲”了。

重要影响

认知失调这一概念引领了各式各样的全新研究去探讨态度与行为之间的交互作用。费斯汀格的研究成果直接影响到了后续研究决策的心理学家。在他的学生中，成就较为突出者包括社会心理学家埃略特·阿伦森（Elliot Aronson）和史丹利·沙克特（Stanley Schachter）。

于我而言

譬如说，你花了一整晚时间排队，终于买到了期待已久的一部电影的首映式入场门票。走到影院之后，你拿着爆米花坐了下来。但是，电影开场之后，你开始注意到，该片特技、对白和表演全都一塌糊涂。你开始理解到：一切都是你主动的选择，完全出自自己的自由意志，你做出了相当多的牺牲，结果看到的却是一部差劲的电影。这时候，认知失调的感受就会纷至沓来。此时此刻，你会做什么？利昂·费斯汀格会说，你将会不惜以任何方式，尽力去舒缓这种失调感。你没有办法改变自己整夜排队购票的事实，但是，你可以改变自己对于这部电影的看法："我一直在熬夜，"你对自己说，"所以我可能只不过是累了。电影也没那么糟糕。其实，这是一部非常优秀的影片。"

更加令人着迷的，是费斯汀格研究的一种文化现象——末日宗教信仰。1956年，他与亨利·W. 里肯（Henry W. Riecken）共同出版了《当预言失灵》（*When Prophecy Fails*）一书，书中讲到，费斯汀格渗透到了"搜寻者"组织之中，这是一个以一名芝加哥地区的家庭主妇为首领的组织，费斯汀格称她为马丽恩·基克（Marian Keech）。基克女士预言，1954年12月21日，一场巨型洪水将会毁灭世界，但是在此之前，一个飞碟会将她和她的追随者运送到号角行星，成功避难。费斯汀格与搜寻者组织成员共同等待地球的"死期"的到来。随之，基克女士宣布，地球在最后一刻还是被赦免了。绝大多数她的追随者不仅没有及时止损，反而重新树立起自己的信念，加大力气四处传教——这是认知失调在现实生活中有所体现的生动事例。

斯坦利・米尔格拉姆
Stanley Milgram

生于1933年，出生地：纽约州，纽约市。
卒于1984年，逝世地：纽约州，纽约市。
毕业于皇后学院和哈佛大学。

核心思想

斯坦利・米尔格拉姆在社会心理学方面所做的工作涵盖了数个领域。他前期的工作不如后期关于服从权威的实验那么著名，主要探讨的是人与人之间的联系。在一个值得注意的研究中，他随机将160个包裹分别邮寄给了内布拉斯加州的居民，并请求他们将包裹邮寄到马萨诸塞州首府波士顿，但是收件人地址并未列明。为了完成这项任务，包裹领受者只能以他们在现实生活中认识的人作为中间媒介，只要他们认为这个人能够让包裹距离波士顿的终点更近一步即可。引人注目的是，很多包裹的确到达了波士顿的目的地，而且，中间媒介人的数量也并不是很多。据统计，中间媒介人的平均数量是5.5，正因如此，才诞生了著名的"六度分隔理论"。

不过，至今为止米尔格拉姆最著名的研究成果主题，主要是对于权威的服从。他对这一话题之所以感兴趣，是因为纳粹当年所开展的大屠杀，夺去了一千一百万人口的性命，其中包括六百万犹太人。在这恐怖的事件发生之后，难免让人不禁发出"何以如此"和"何能如此”的疑问。看似健康、有道德、正常的个体，何以会对自己的人类同胞下手，通过周密的计划执行灭亡政策呢？“只不过是在遵从命令”的真实含义究竟是什么，这又能在多大程度上解释如此令人作呕、凌虐狂暴的行为？纳粹高官、犹太人大屠杀中“最终方案”的主要负责者阿道夫·艾希曼（Adolf Eichmann）曾经在纳粹毒气室谋杀了数以百万计的犹太人，对他的审判详情在1961年被广泛地公之于众。这是一个直接的催化剂，促使着米尔格拉姆在新闻爆出数月之后开始了自己最著名的一系列实验，结果表明，即便是普通人，也可能经受诱导，加害自己素未谋面的人，尤其是在一个外表合法的权威人物告诉他这样做时，情况更为严重。

米尔格拉姆相信，全世界的文化无一例外地强调对于权威的服从，以至于人们有时候会感到，自己的行为不过是代表了其他人的欲望而已，对于行为的个人责任感遂开始消散殆尽。他还强调了行为及其结果之间的心理距离所扮演的角色。人们越是对于自身行为所导致的结果剥离了情感反应，他们就越会感到自己只不过是一架庞大机器上的小螺丝，自己之前不过是机械地采取行动而已，即便他本人对于这些行动并不一定完全认同。

但是，为什么普通人会去做自己并不认同的事情呢，尤其是，为什么大家竟然会去伤害他人呢？米尔格拉姆提出，只要我们一味逃避现实，这种情况就会很容易出现。我们竭尽全力地去忽略被我们加害之人所经历的情绪痛苦和肉体痛苦。事实上，在我们的心里，被我们所虐待的个体与其说是一个人，不如说是一个物体——而我们自身，同样也不再是一个能思考、有感受的个体，相反，我们成了执行一项

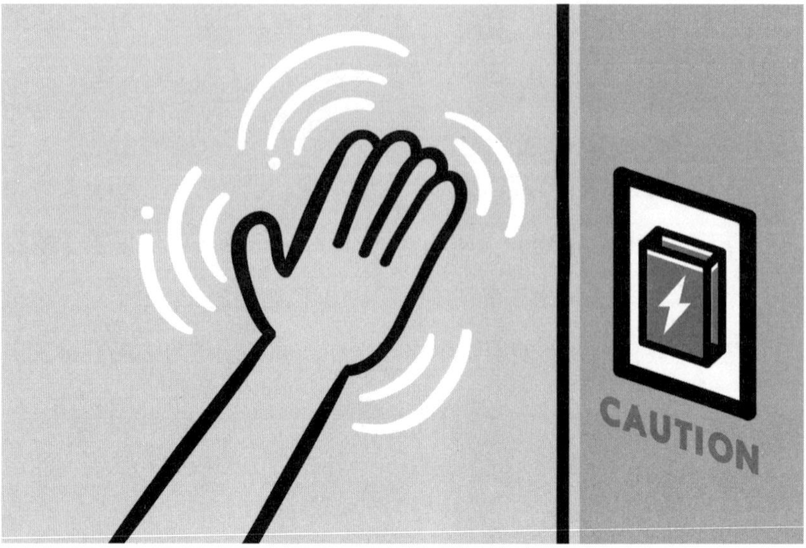

任务的媒介。这就是所谓“非人化”，而米尔格拉姆也通过实验向我们表明，这一过程是如何驱使普通人加害他人的。此外，如果那些引导我们加害同胞的人，能够为这一行为给出崇高的合理化解释，那么，我们所有人将自身行为进行合理化的能力也会更强。米尔格拉姆还揭示出了灾难性的“急剧下滑”——如果说伤害他人存在渐变层次，那么，刚开始看似只是轻微地伤害他人，似乎就已为将来严重地伤害他人奠定了基础。

米尔格拉姆的理论体现了社会心理学的中心理念——我们所处的环境，在很大程度上能够决定我们的行为方式，甚至会让我们做出与日常实际言行（或者预想中的言行）完全相悖的行为。毋庸讳言，米尔格拉姆的研究成果是极其令人不安的。尽管如此，通过直白地提示我们人类可以被诱惑到何等夸张的程度，米尔格拉姆也督促着学界开始去探索权威的力量和服从的强烈冲动，以及如何帮助人们去对抗这种力量。

关键实验

1961年，斯坦利·米尔格拉姆正在耶鲁大学任教授。他在报纸上发布广告，征集康涅狄格州的居民参加实验，每小时可获得4.5美元的报酬。应征者被告知，他们所参加的实验主要探讨的是惩罚与学习之间的关系。

在这一系列实验中，被试（之前被称作研究对象，目前，学界认为“研究对象”是存在问题的，因为它含有参加者没有能力的含义）全部是男性，在实验中，两人一组，不过，两人之中有一人其实是主试的同谋（聘请的是演员，表面看来其行为与被试相同，但被试才是实验中真正要被观察的对象）。表面看起来，被试与同谋在通过抽签确定谁担任教师、谁担任学习者的角色时，是完全随机的，但实际上，研究者通过设定抽取程序，使得被试总是扮演教师的角色。学习者（也就是同谋）是一个温文尔雅的中年男子，衣着较为职业。在教师的注视之下，主试会将学习者捆绑在一把椅子上，并将电极连接到他的手腕上。

在一个实验中，主试会将教师引导到另外一个房间，在这里，教师无法看到学习者，只能通过一个扬声器与他进行交流。之后，主试就向教师展示一个电击控制器。电击控制器共包括30个档位，每个档位对应着不同的电击程度（从15伏特到450伏特不等），而且每个上面都有标签：（1）接近于初始位置的轻微电击；（2）高达135伏特的非常强烈的电击；

（3）强烈的电击；（4）极端强烈的电击；（5）带有危险性的严重电击；还有，最让人感觉不吉利的，（6）代表着两侧都施加最高等级电击的XXX。当然，电击控制器是伪造的，它无法产生任何电流，但是教师并不知道这一点。主试先给教师施加一个45伏特的电击，向教师展示一下被电击是什么感觉。45伏特只不过是比起始点高三个档次的程度（轻微电击），但显然已经令人感到非常不适了。

主试指导教师向学习者展示一系列由两个词组成的词组，学习者需要记住正确的配对组合。之后，教师会测验学生，而当学习者给出错误的答案时，按照实验指导，教师就要对其施以电击。主试还指导教师，每一次学习者犯下新错误时，则电击都要相应地提升15伏特。

预先录制好的音频作为学习者的实时反应，用以迷惑被试，所以，对于每一个“教师—学习者”组合来说，学习者的反应都是相同的。当教师施加的电击达到120伏特时，预先录制好的声音会叫喊道：电击实在太过痛苦。到150伏特时，声音会表示希望不再继续进行实验。到达300伏特时，声音尖利地惨叫道：不会再给出答案了，之后即使被电击，教师听到的也完全是静音。如果教师在实验过程中有所踟蹰，主试就会督促他继续进行实验，主试会使用一系列命令性逐渐增强的语句，开始是“请继续实验”，最后则是“你别无选择。你必须继续实验”。如果教师的犹豫次数达到四次，那么实验即完全终止。

大概65%的教师会从头到尾都服从主试，即便学习者在实验开始时提到自己罹患心脏病，亦无济于事。实验结果在不同条件下存在着一定的差异。举例而言，如果主试并不是一名穿着白大褂的研究人员，而是一名年轻人，那么服从的比率就会降低。如果教师能够随时看到学习者，那么服从的比例也会降低。

值得一提的是，实验给被试带来的心理创伤——不论是实验过程之中还是实验结束后，很多被试都因为误以为自己伤害了其他人而感受到巨大的心理压力——也引起了对于实验本身伦理性方面的讨论。可以肯定地说，在当今时代的主要学术机构当中，类似的实验是绝对不会被允许开展的。米尔格拉姆开展该实验之后的数十年间，对他的批评不只局限于伦理层面。部分人亦提出了关于该研究在方法学层面上的顾虑，他们批评道，某些被试或许已经推测出来实验的情境并不真实。

重要影响

斯坦利·米尔格拉姆的成果，催生出接下来数十年学界对于“社会因素及情境因素引诱人们做出令人吃惊的事情”的研究。他的研究结果尤其启发了菲利普·津巴多（Philip Zimbardo）开展了斯坦福监狱实验。米尔格拉姆的实验研究也引发了一系列伦理层面上的考虑，这使得心理学研究的规章制度更加严格，十分强调要注意保护人类被试。

于我而言

1986年，一部极其怪异恐怖的电视剧《阴阳魔界》（*Twilight Zone*），揭示出人类在加害自己既不认识也看不到的人时，是多么轻而易举。有一集的名称是“按键，按键”，根据美国二十世纪伟大作家理查德·马瑟森（Richard Matheson）的短篇小说改编。故事的主人公是经济上非常困顿的一对夫妇。某天一个神秘的陌生人拜访了他们。此人名叫斯图尔特先生，带着一个盒子。他告诉夫妇，如果他们按盒子中的一个按键，他们就会收到二十万美元，但同时，他们也要为自己所不认识的某个人的死亡负责。丈夫拒绝了这一提议，但是妻子最终却屈从于自己的欲望，她不断地给自己找理由：或许那个要死的人本身已经年迈，来日无多。于是，她按下了按键。第二天，斯图尔特先生再次来访，把钱交给了夫妇俩。妻子问斯图尔特先生盒子应该如何处置，斯图尔特先生告诉她，盒子将会被重新设定程序，然后送给夫妇俩不认识的某人。接着，斯图尔特先生直视着妻子的眼睛，以确信她确切地知道自己究竟做了什么。

或者，请读者思考《绝命毒师》（*Breaking Bad*）这部电视剧。它之所以如此引人入胜，也令人坐立不安，一个原因就在于，一位外表普通的高中自然科学教师，瓦尔特·怀特（Walter White），最终竟然演变成为一名铁石心肠、杀人如麻的大毒贩。最开始，他之所以贩卖冰毒，是因为相信自己将因肺癌死去，为了给家人提供经济保障，才出此下策。但是，随着他的权势愈加增大，收入日趋稳定，他与观众原本想象中的道德楷模形象渐行渐远。他的巨大转变，并不是在一周之内就出现的，而是耗费了数年时间。只不过，随着他踏出每一步，则下一步都会变得更加容易，也不再那么冲击心灵。

没有人认为我们能够忍受其他人声嘶力竭的哭喊，也没有人认为自己会仅仅因为其他人没有正确完成一个任务就向其施加难以忍受的痛苦惩罚。正如绝大多数美国成年人都认为，作为驾驶员，自己比平均水平要高一样——然而，就数学统计而言，这并不可能——我们绝大多数人也会误以为自己的道德价值感较强，而且，在接受到伤害他人的命令时，能够勇敢抵抗。这种**“虚幻的优越感”**促使我们认为，自己要比其他人更加宽宏大量，还认为我们要比其他人更加优秀。

米尔格拉姆的系列实验揭示出，在特定的情况下，绝大多数人都会采取自身并不一定认同的行为。这是标准状态，并非特例。即便这一事实或许会让我们夜不能寐，不过，在深入探讨其表现方式和深层次成因之后，我们倒能够获得些洞察。正如米尔格拉姆所揭示的，我们与“自身行为导致他人受苦”（或者说“至少没有阻止他人受苦”）这一事实的距离越远，那么我们就越不会被“他人受苦”这一事实所影响。即便你是一个爱狗之人，但是，在大街上如果有人接近你，告诉你说收养站里有好几千只狗，询问你是否有收养一只的意向，你的答案可能都是“今天就不了”，然后大踏步离开。不过，如果一只收养站的狗直接注视着你的眼睛，那么就很难把“不”字说出口了。聪明的非营利性组织知道，如果他们以意味深长的、贴合个人的方式，展示捐款和捐赠在现实生活中产生的效果，那么，他们获得公众同情和捐赠的可能性就越高，而且，公众进一步襄助公益的动力也会越强。

戴维 · 罗森汉恩
David Rosenhan

生于1929年，出生地：新泽西州，泽西市。
卒于2012年，逝世地：加利福尼亚州，帕罗奥多。
毕业于叶史瓦学院和哥伦比亚大学。

核心思想

戴维·罗森汉恩（David Rosenhan），通过一个具有挑衅性和争议性的实验——其结果于1973年发表在顶级学术期刊《科学》（*Science*）上，标题为《精神病房里的正常人》（*On Being Sane in Insane Places*）——戳破了笼罩在精神病学护理领域上的透明泡泡。他将心理完全健康的被试派往十二所精神病院之中，被试会向精神病院员工报告说自己一直在听到异常声音。精神病院随后就会为被试进行诊断——绝大多数被试都被诊断为精神分裂症，这是最严重的心理疾病之一——并且安排他们接受治疗。罗森汉恩实验令人震惊的一点在于，一个人一旦被诊断为罹患精神疾病——即便，在这个实验中，这一诊断并不准确——那么，这就会成为其他人在观察他一言一行时使用的视角，即便某些行为是完全正常的。罗森汉恩在很大程度上挑战了精神病院对病人进行诊断的效度和信度，而且，他还希望知道，精神病院员工在观看病人的时候，真正想要看到的是什么东西。他指出，精神病院本身就构成了一个塑造非理性而不是塑造理性的场景。他向我们表明，那些在精神病治疗机构工作的人，不仅倾向于给健康的人贴上“患病”的标签，而且也会给病人贴上“健康”的标签。也许最重要的，是罗森汉恩向世人表明，一旦一个人被贴上了精神疾病确诊的标签，那么，即便这个人并没有表现出任何符合疾病诊断标准的行为，他也会被认为患有精神疾病。

那么，我们应该如何定义“非正常行为”呢？如果理性和非理性之间的区别如此难以量化，那么异常行为的真正标志究竟是什么呢？1988年，罗森汉恩和马丁·塞利格曼提出了异常行为的七大特征；没有任何一个特征本身能够确定一个人的行为是否是异常的，但是，与这些参数相一致的行为数量越多，则该行为属于异常行为或者将来会演变成为异常行为的可能性就越大。

- **痛苦。**当然，这一特征非常简单——意指个体处于苦恼状态之中。
- **适应不良。**意味着个体的行为已经影响到他完成目标的能力或者应对日常生活的能力。
- **新奇/反常行为。**强调的是一个人的行为与其他人有所差异的程度高低。
- **不可预测性/失控。**主要包括不合时宜的行为或者毫无规律的行为。
- **非理性/不可理解。**主要指的是行为的动机无法得到清晰的解释。
- **旁观者不适。**描述的是观察这一行为的人的感受。
- **违反道德标准/规范标准。**指的是行为与社会的既有价值观不符。

当然，七大特征之中的某些因素需要从主观上进行判断，但是它们至少描绘出了我们在讨论异常行为时应该思考，也倾向于去思考的轴线图。相对于《精神障碍诊断与统计手册》（第五版），这些特征也对异常行为提供了更为细致入微的解释。

重要影响

戴维·罗森汉恩撰写的文章《精神病房里的正常人》震撼了整个精神病学界。它促使学界去探讨心理治疗的医学模型具有哪些缺点，以及心理健康服务提供者的潜在偏见包括哪些。它强调了“过度病态化”的危险性，并且直接影响了后续数次的医疗改革与探索。虽然罗森汉恩在学界的名声是通过精神病院实验奠定的，但他其实还在心理学实践和法律的交叉领域做出了突破性贡献。举例而言，他曾使用实验心理学领域的技术，探讨陪审员是如何遵循法院颁发的指令，去忽略那些不可接受的证据的。

于我而言

当你读到下列单词时，脑海中会出现什么？

- 精神分裂
- 暴食
- 躁郁
- 酒精依赖

你觉得它们与什么东西有所联系呢？试想，某些人可以被这些词所描述。试想，他们全部围坐在一张桌子旁边。是否有人大吵大闹？焦虑不安？他们是否正在接受群体治疗？他们是否被锁在一间医院里？或者——试想这个——他们是否是一家人团聚在一起，享受感恩节晚宴，充满温情地有说有笑呢？

现在，请试想一位成功战胜了精神分裂症的教授。试想，一位艺术家曾经罹患过一段时间暴食症。试想，一位科学家曾经罹患过双向情感障碍。试想，一位退休的银行高级职员克服了酒精依赖症。现在，我们想象的细节更加丰富了，对吗？或许，你看到了一名男人在向整个教室里专心致志的学生教授课程；或者，一位女性在自己的雕塑展开幕仪式上迎接宾客；或者，一名男性一边给自己的孙子表演纸牌魔术，一边对给他敬酒的人说："不喝了，谢谢你。"现在，这些人已经更加具有人性了。但是，其实他们从来就没有沦为"非人类"过！每一个在治疗小组，或者精神病病房，或者嗜酒者互诫会，或者感恩节晚餐桌旁的个体，都具有数量相同的人性。每一个我们遇到并且看到的人，按照定义，都属于人类，但是，他们的人性却由于我们所赋予的标签而时圆时缺——而当我们将一张写有"心理健康障碍"的标签贴在他们身上时，他们的人性看起来却大幅缩减了。*精神分裂*、*暴食*、*躁郁*、*酒精依赖*，似乎这些词本身就能够如实地囊括这个人的特点。我们的语言显示，我们通常对于心理障碍的兴趣更加浓厚，对于患者则不那么关心。这不啻为一种错误的思维方式。正因如此，在我给学生授课的时候，开课第一天，我会教授他们，应该说"*一个人罹患了精神分裂症*"，而不是"*一个精神分裂病人*"，等等。只有将一个人摆放在他的标签之前，我们才能够更加容易地记住这个人的人性，人性并不会因为这个人患有心理疾病而凭空消失。

埃略特·阿伦森
Elliot Aronson

生于1932年，出生地：马萨诸塞州，切尔西。
毕业于布兰迪斯大学、卫斯理大学和斯坦福大学。

核心思想

“埃略特·阿伦森”在心理学领域内部是一个备受爱戴的名字，他广博的科研事业——一直贯穿到我们所处的时代——在很多方面塑造了心理学，尤其是社会心理学的发展方向。历史上只有一个人曾经获得美国心理学会（APA）的所有顶级奖项——包括研究、写作和教学领域的奖项。这个人就是埃略特·阿伦森。

阿伦森最伟大的成就，或许就是**“拼图教室”**教育方法的发展。四十多年来，多数研究表明，这种教育方法能够有效降低学生冲突，同时促进合作、学习和积极性。该方法首先应用于1971年，当时，曾是阿伦森学生的得克萨斯州首府奥斯汀公立学校主管正在集思广益，寻求在种族隔离政策废止之后降低种族冲突的方法。为此，阿伦森提出的理念是，将四年级到六年级的学生分成小组，每一组都要包含来自不同背景的孩子，同时，要为小组设定一个目标，共同完成，每一个孩子都要负责去调研一个具体概念，并且要向其他人讲授自己的研学成果。为了让每一个人都在之后的考试之中取得优异成绩，所有人作为一个集体共同学习显然是必不可少的。这种安排在最初遭到了抵触，后来却被广为接受。之后，小组的作用终于显现——歧视的程度显著降低。不止如此，与传统教学情境下的儿童相比，拼图教室中的学生学习效果更佳，更加喜欢同学，更加喜欢学校，也表现出了更高的自尊。

接下来的数十年间，拼图教室教育方法的应用范围获得了显著提升。该方法其他的优势亦陆续被发现，包括旷课率下降，学习的愉悦感上升，以及考试成绩也更加优异。拼图教室与传统教育方法的差异在于，前者促使每一名学生在小组内都要积极活跃，而后者则使得教室中出现的更多的是被动学习。此外，还有一个差异是，每一个人在小组内担任的角色，与其他人所担任的角色之间，相互关联的程度是强是弱。在拼图教室中，学生浪费在相互竞争上面的精力也更少，因为，每一名学生为了让自己变得更好，也需要让其他人变得更好。

拼图教室教育方法还使用了一种简洁却有效的方式，避免后进者拖累整个小组的进度。譬如说，一个班级正在学习管弦交响乐的乐器演奏，然后，在每一个拼图小组内，一个学生被分配负责弦乐器，另一个人被分配负责木管乐器，还有一个人被分配负责打击乐器，依此类推。最初的研学阶段，在学生将自己分配的课题向整个拼图小组展示之前，各个拼图小组中被分配相同角色的成员会聚集起来，形成一个个“专家”小组。譬如说，所有被指派为负责打击乐器的学生就会集中碰面，共同排练，并且交换意见。等到这些学生重返自己的拼图小组时，他们的能力已经得到了增强，存在的疏漏也已经充分地暴露出来，而后进学生也享受到了具体的合作和互相支持的益处，他们能给自己拼图小组呈现的内容质量也获得大幅提升。教师在整个过程之中扮演着主持协调的角色。拼图教室所具备的合作特质，降低了在优秀学生之间有时候可能会出现的恶性竞争，同时也使得学生并不会因为自己与最优秀的同学差距过大而心生怨恨。人际技能和人际关系在整个过程中都在不断加固。

阿伦森提出的另一个重要思想是**“出丑效应”**。他指出，犯错对于一个人的受喜爱程度会产生有趣的影响，这取决于犯错的那个人是否被他人知觉为能力突出。被广泛认为能力突出的人，在犯了小错之后（譬如洒了咖啡），反而会变得更加受到喜爱，也更具有吸引力；错误会被视作惹人喜爱的一件事。阿伦森指出，这或许是因为，完美无瑕是令人胆怯的，也会让人显得难以接近。相反，一个已经被认为能力较差的人，如果再次犯错，对他却会是雪上加霜的——我们很可能会将这个错误作为对他进行负面评价的又一个支持证据。

阿伦森还开展了数个经典的研究，以探讨我们如何会喜欢上其他人，又为何会喜欢上其他人。其中一个研究表明，同样的情况下，相对于甲一开始就喜欢乙，如果甲一开始并不喜欢乙，后来却逐渐愈加喜欢乙，那么乙就会更加喜欢甲。这一效应被称作**“吸引的得失理论”**，它之所以存在，可能是因为我们会感到自己赢得了另一个人的心，这能够提升我们对他的积极感受。阿伦森还证明指出，如果一个人为了加入一个集体而费尽千辛万苦，那么他对这个集体的忠诚度就会越高。这一效应进一步体现了阿伦森的导师利昂·费斯汀格所提出的认知失调理论。

很多人认为阿伦森的教科书《社会性动物》（*The Social Animal*）是史上最优秀的社会心理学文本。该书初次出版于1972年，目前已经更新到第十一版。

重要影响

拼图教室教学方法至今仍然在很多教育环境下得以实施。埃略特·阿伦森进一步探索并且拓宽了认知失调理论，他开展的研究探讨了我们如何消除伪善的感受——以及这样做如何能够使人们采取更加健康的行为方式，譬如说，在担任教师讲授安全性爱之后，人们会更加乐于使用避孕套以减少罹患性传播疾病的风险。他的研究工作激励着整个社会将社会心理学成果应用到社会变革之中，譬如，善用同辈压力提倡能源节约行为。

于我而言

阿伦森的拼图教室的益处十分广泛，在并无普遍性种族冲突的学校亦十分适用。请不妨回想一下自己在青春期时的经历。欺凌弱小，拉帮结派，社交焦虑，师生关系紧张——这些在青少年群体内部都十分常见，甚至在即将迈入青春期的儿童群体内亦会出现，即便在那些总体表现优秀的学生群体内亦无法避免。不过，朝着一个共同的目标，团结协作，在所有上述情境下都具有十分积极的作用。证据表明，当不同的儿童为了一个共同的目标协同努力时——富裕的孩子和贫穷的孩子、运动员和艺术家、电脑高手和搞笑高手——他们对彼此的喜爱程度会显著提升，而且，他们在完成教育目标方面表现得亦更加优秀。

阿伦森还表示，拼图教室对于防止校园暴力甚至也具有十分重要的意义。那些参与校园暴力的学生通常是社交孤立的，而且认为自己受到了他人的欺凌和小团体的排斥。拒绝、羞愧、耻辱，成为那些暴虐的人的生活主题。拼图教室的优点还包括它能够提升来自不同背景的学生之间的人际关系质量，或许能够大幅削减孤独感、被拒绝感和身为局外人的痛苦。

至于出丑效应，我们通常会发觉它出现在我们对于名人的态度之中。那些在我们的观点里完美得难以触碰之人，通常都会落得“有点烦人”的名声。但是，如果一个因能力突出而备受赞誉的名人，偶尔犯下了愚蠢的小错误，我们对他的喜爱反而会有所提升。好莱坞著名演员詹妮弗·劳伦斯（Jennifer Lawrence）经常在颁奖典礼上摔倒，反而获得大众喜爱，正是这一效应的体现。

那吸引的得失理论呢？譬如说，你的一个老板极其粗鲁，难以取悦。他从来不会夸赞你，你甚至感觉他对你怀有不恰当的负面评价。有一次，你做了一个非常成功的报告，或者你讲了一个他非常喜欢的笑话，从那之后，看起来他似乎开始十分喜欢你了。积极的反馈开始出现，而且，他比过去还更加热情，对你也更感兴趣。你胜利了！同时，那个自始至终一直对你赞誉有加的老板，反而从你的心中淡出了。你就是想取悦另外一个老板，其他任何事情都要往后排。你知道，那个一直喜欢你的老板，将来肯定也会继续喜欢你，所以，当你做PPT报告时，你的眼中就只有那位先前对你粗鲁相待的老板了。这一动态变化在青少年身上也有所体现。譬如说，科林之前在校内任何一个领域都不受欢迎。但是现在，不知道为什么，这所高中最受欢迎的学生却开始对科林青眼有加，和他称兄道弟。科林之前还对那些受欢迎的学生冷嘲热讽，现在他却认为，最受欢迎的学生如同神一样。同时，那些从一开始就坚定陪伴他的朋友，对比起来反而显得枯燥单调且索然无味。

菲利普·津巴多
Philip Zimbardo

生于1933年，出生地：纽约州，纽约市。
毕业于布鲁克林学院及耶鲁大学。

核心思想

数十年来，“菲利普·津巴多”（Philip Zimbardo）都是社会心理学领域一个多姿多彩的名字。他最为人所熟知的身份，是斯坦福监狱实验的主要研究者，这项研究开展于1971年，如今，45年过去了，它极端的结果仍然无时不刻不在引发社会的热烈讨论。

与斯坦利·米尔格拉姆的实验一样，斯坦福监狱实验也是一个“环境条件能够强烈塑造行为”的完美示例。米尔格拉姆的研究强调的是个体对于权威的服从，而津巴多则揭示出了“社会角色”的重要性——戴上一个手握强权之人的面具，抑或戴上毫无权势之人的面具，能够强烈地影响行为。和米尔格拉姆相似，津巴多也向我们表明，即便是那些看起来心理完全正常的人，也会采取极端残忍的行为，而且，一个人不论个性特征如何，都可能会采取这样的行为。津巴多发现，那些被分配了监狱看守角色的人，会开始采取一些非人道的行为，有些观察者甚至认为他们已经达到施虐狂的程度了。那些担当囚犯角色的人则会十分苦恼，如同一盘散沙，内心充满愤怒。这两个群体之间的冲突逐渐激烈，以至于津巴多在6天之后取消了实验，尽管按照原本的计划，实验总时长为两周。

米尔格拉姆的实验安排了具有权威的人物作为实验者，促使残忍行为出现；与之相对比，在津巴多的实验中，并没有强有力的权威要求他人服从，也没有人命令被试去采取非人道的行为。令人吃惊的是，仅仅令人们拥有掌控权力的机会，就足以导致非人道行为出现了。

津巴多强有力地指出，社会角色和环境条件能够导致具有毁灭性的残忍行为出现。津巴多将自己的研究结果推广到了主流媒体，甚至还曾出席国会听证会，讨论监狱条件，他提出的理论认为，我们所有人都能够十分轻易地担任自己被赋予的角色，让它们融入到我们的认同当中，同时还让它们许可我们采取极端行为。权力或许是无法抵抗的，它既能带来优秀的行为，也能带来暴虐的行为。

津巴多的研究成果也对群体动力学有所启发。难以想象，如果实验中仅仅包括一名看守和一名囚犯，双方的冲突是否仍会发展到如此激烈的程度。而令一个群体对抗另外一个群体，则会以多种形式提升冲突和不道德行为的严重程度。任何一个看守在看到其他看守也在做着同样的事情时，或许就更加容易将自己的行为正当化。并且，所有人称呼囚犯时都不使用名字，而是以编号代替，这可能会使得看守没有将囚犯看成是一个一个人，而是将其看作没有固定形状的一团物体。他们被界定为需要被控制住的威胁，而不是拥有想法、经历和情绪的活生生个体。

随着关于该实验结果的报道点燃了公众的道德观念，津巴多的名声大噪。他利用这个平台，让大众更方便地了解自己的心理学研究成果，而且他还鼓励社会心理学界将更多的精力用在将科学研究结果广

泛地应用于实际生活之中。津巴多本人不仅致力于将自己的研究结果应用于社会议题，他还投身于让大众获得实验结果所提供的教育意义。

最近，津巴多在结合其他社会心理学家所提出的理论的基础之上，总结了驱使好人更有可能采取邪恶行为的七种力量：

- 不加思考地踏出第一小步
- 对他人的非人化
- 匿名 / 自我的去个体化
- 个人责任的扩散
- 对于权威盲目的服从
- 对于群体规范不加批判地顺从
- 通过无所作为或者漠不关心对邪恶被动地忍耐

关键实验

1971年斯坦福监狱实验主要招募了斯坦福大学的24名男性本科生。每个人都经过了筛查和选择，以确保其具有稳定的情绪特质。所以，被试基本上不会是鲁莽之人，也不会对压力环境过度敏感。不过值得指出的是，他们都是在看到报纸上招募监狱生活研究的广告后主动报名的，所以，有些批评者认为，这些人从一开始就不是随机产生的、具有典型性的人群。

学生被随机分配为囚犯或者看守的角色，而且这种角色分配会贯穿于整个实验。当然，随机分配是整个实验的关键之所在，必须确保囚犯和看守在实验开始之际并不存在显著性的、系统性的差异。

虽然所有人都是主动要求参加实验的，但是，那些被分配为囚犯角色的人还是对此较为吃惊的，实验由帕洛·阿尔托警察局雇员执行。囚犯的方方面面与真实生活十分相近，需要按指纹，收集面部照片，还需要填写公安部门的刑事犯登记表，一切都与真实的监禁生活高度相似。囚犯当时被转送到斯坦福大学心理学系地下室的一个模拟监狱中。不论何时，都有9名囚犯和9名看守在场（有些被试是候选者）。

到达现场之后，囚犯仅仅以编号被人称呼，他们要穿上统一样式的外套，不穿内衣，而且还必须穿戴一个类似发网的东西。看守戴着太阳镜，手持警棍，他们的职责是维持秩序，除了不得体罚囚犯之外，其他任何要求都没有。起初，整体氛围是较为轻松的，囚犯还会开看守的玩笑。但是，几名看守马上就开始令人恐惧地对权力感到饥渴了，他们会要求囚犯反复做俯卧撑，并且禁止囚犯去卫生间。第二天一大早，囚犯就发动了叛乱，看守甚至使用了灭火器喷射泡沫镇压暴动。额外的看守，也就是那些候选者，因为这场暴动也加入进来，而且双方的事态皆呈现出逐渐升级之势。

没过多久，就有部分看守开始将囚犯剥光，还实施了比规定时间更长的“关禁闭”惩罚。他们的行为变得愈加露骨，而且也愈加暴虐，但是，这并没有让囚犯团结起来，反而使得犯人内部四分五裂。囚犯变得越来越抑郁，自主性也越来越差，而看守则变得越来越具有攻击性。津巴多最终停止了这个实验，虽然按照事先的安排，实验还应该再持续8天的时间。

津巴多本人担任了监狱的主管人，还有另外一名研究者担任典狱长。这些安排引起了一些争议，看待这个问题的角度也比较多。有学者指出，由于津巴多并不是一名不偏不倚的观察者，所以他可能会对人们应该采取的行为有所预期，毕竟，他的研究兴趣就是观察事物如何朝着失控的方向发展，从而验证监狱的情境是多么的不符合人性。可能这会导致某些看守形成一种表演意识。津巴多自己也曾经说过，他的角色实际上有助于这个实验获得这样的结果——他和其他人一样，也被置于实验之中，而且，他之所以让实验持续了如此之长的时间，原因可能在于，他没有将被试视作处于压力环境下的真实的人，由于他希望看到研究持续进行，所以他将这些被试非人化了。“当时，我失去了怜悯心，”他曾经说道，“我完全失去了同情心。”

重要影响

津巴多的研究结果被应用在诸多政治和法律领域内，包括监狱改革运动，以及对当代极端行为及残忍行为示例的研究之中，比如阿布格莱布监狱虐囚事件研究。他还运用自己的研究成果支持反霸凌教育及其倡议活动。他在社会心理学领域内还曾对“害羞”进行过深入研究，为此，他建立了一个治疗诊所。此外，他最近的研究主要探讨的是个体在感知时间流逝的过程中存在哪些差异，以及这些知觉如何影响个体对于时间的使用。

于我而言

即便驾驭权力的机会是被随机分派的，我们也仍然可能会滥用权力。不难想象，现实生活中的某些角色——并不是随机安排的，而且我们认为自己确实有扮演这个角色的资格——更加会将我们对他人的不礼貌行为合理化。在你认识的人里面，是否有人对待餐厅服务员像对待下属一样，极尽颐指气使之能事呢？如果你有这样的朋友，估计他并非从内心深处就是腐化之人，而且他身上肯定拥有可取之处；否则，你根本也不会和他一起吃饭。只不过，“被服务对象”这一社会角色中包含的某些事物，让这位朋友失去了自己的一部分同情心和人类共同体的感觉。

如我们所见，匿名性同样会导致一些存在问题的行为出现。举个例子，为什么在线评论论坛变成了仇恨聚集的污水池呢？有证据表明，与真名实姓时相比，在匿名性这一面具的保护下，人们的行为将会更加冷酷无情。或者，你也许曾经在工作时收到过匿名的、消极攻击的纸条，纸条中嘲讽的语气会让你难以相信这竟是出自同事之手。你是否曾经见过完全被涂鸦所覆盖的公共厕所呢？可能你甚至也会在上面添上一笔——既然其他人都已经涂鸦了，你也就不再觉得自己要对毁坏公共建筑物负上个人责任了。

值得指出的是，即便是那些对于津巴多的实验方法多有批评之人——他们认为，津巴多出现在监狱中，会对看守的行为有所诱导；被试是自我选择的，即他们是自发报名参加实验的，或许意味着那些成为看守的人本身就对监狱生活非常感兴趣，而且十分渴求权力——也坚定地认同现实生活中的监狱是一个十分悲惨而且令人恐惧的地方。真实监狱中的看守同样是自我选择的，而且有理由推断，其中至少有一些人，会乐于去了解：拥有对于他人的绝对权力究竟是一种什么感觉。真实监狱中的看守，同样可能会随时受到那些以“命令高于一切”为圭臬之人的观察与监督。所以，从实验方法的角度来看，津巴多的监狱实验或许并未做到不偏不倚，而且其中所出现的行为或许也并不纯粹。但这恰恰进一步说明了，在真实监狱中，由于各方面条件并不那么具有随机性，所以发生的事情也许更加恶劣。

所以，或许并不是任何一个人在相应的环境中都会变得暴虐成性。只不过，令人心碎的是，这样的环境在实验室之外成千上万，甚至更为极端，这是无可否认的事实。而且，那些自愿选择投身于这些环境中的人，可能更加容易采取施虐狂式的行为。

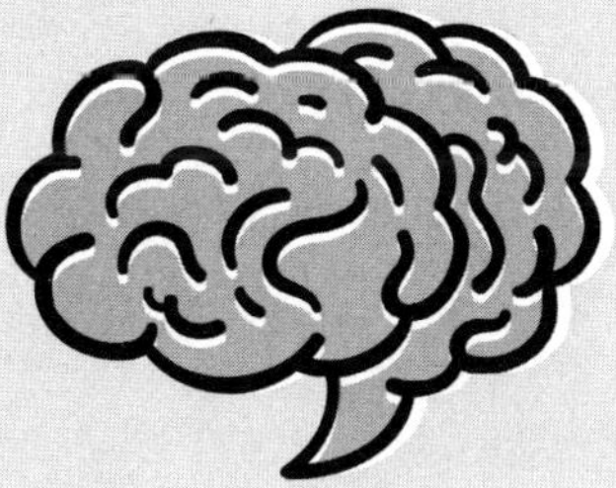

PART

2

心理学的重要定义

重要流派的思想

结构主义

结构主义的中心思想，是将心理体验——包括想法、感受和行为，分解成它们最基础的组成部分，然后再去探索这些成分如何通过相互联系从而形成更加复杂的系统和现象。该观点假定，意识能够按照不同的基本元素进行分类，正如物理实物可以被分解成更小的部分一样。威廉·冯特被公认为该流派的创始人，据说，他也是第一位自称“心理学家”的学者；爱德华·B.铁钦纳（Edward B. Titchener）是结构主义最有影响力的知识传递者。1879年，冯特创立了史上第一座实验心理学实验室，由此创建了心理学学科坚实的基础，之后数十年，其科学研究工作皆着力于去界定并且划分心理体验的基本元素。结构主义者最感兴趣的，是去进一步理解思想、情绪和知觉，相对来说，他们对于个性或行为则兴趣不大。结构主义认为，在确定心理现象的基础元素时，主要的方法就是“内省”，结构主义者试图使用这种方法，用最基本的术语去描述心理过程。“内省”这一术语，虽然听起来似乎是一个人在结束一天的忙碌之后，躺在沙发上，思考自己的人生之路将要通向哪里，但是从学术角度而言，它是一种更加科学化、更加结构化的探索方法。一个人，通常是一名心理学理论家，会在严格控制的实验条件下，开始对自己的内心想法进行观察，之后，再尽可能客观地将其报告出来。这一方法尽管倾向于实证主义，但是作为一种研究方法则逐渐失宠，原因在于，个体的想法很难从外部进行观察，并且在对某个人的自我报告进行量化时，也许会存在偏差，甚或完全不可行。正因如此，在心理学的关注点转移到从表面上更加可以测量的心理过程和行为之后，结构主义亦逐渐失去了心理学界的青睐。

机能主义

诚如其名，机能主义的关注点在于事物的*功能*，及其所带来的结果，而不是事物的定义。如果说结构主义是“阳”，那么机能主义就是“阴”，它的出现在某种程度上就是对结构主义的回应。从机能主义的角度而言，心理状态的意义并非出自其组成成分，而是其最终产品。一位机能主义者会说，任何心理状态——悲伤、兴奋、愧疚和无聊，都是由“该心理状态随之所催生出的行为或者心理状态”所界定的。在这一意义上，如果说不同的情绪导致了同样的反应或者行为，那么机能主义者会说，这些情绪从本质上即是大同小异的。不止如此，从机能主义的角度而言，前文所述的反应或者行为的相似性，相对于催生出它们的心理状态的差异性而言，更加重要。基于这种对于心理状态产生的有目共睹的结果的关注，机能主义相对于结构主义而言是更加关注行为的，因为机能主义十分强调一个人的心理状态是如何在外部世界予以呈现的。机能主义，不那么关注心理过程，而是注重心灵本身的能力，它十分看重那些能够在实际生活中加以应用的实验结果，正因如此，诸多机能主义流派的学者都十分强调可量化的、可观察的实验结果。部分早期的正规心理实验室就是由机能主义者建立的。后期的机能主义者，如爱德华·桑代克，可被视作早期的行为主义者，因为他们最感兴趣的就是有机体如何针对环境进行反馈和适应。

精神分析学

在所有的心理学思想流派中，精神分析学最为关注无意识心理（有时候被称作*潜意识心理*，但是这一术语如今在学界已经不再使用）。精神分析的典型步骤是，病人与精神分析师定期会面，病人斜倚在沙发上，与精神分析师自由交谈，但是双方不做眼神交流。精神分析的目的，在于将病人的无意识思想和感受在意识层面上加以理解，以便于病人能够理解这些思想和感受是如何影响其行为的。精神分析学所探讨的，是那些我们自己甚至都没有意识到的冲动、欲望、态度以及儿时受到的伤害，以及它们如何驱动着我们的个性，如何驱动着我们最为根本的行为模式。诚然，精神分析学所关注的很多人类冲动都可谓是十分黑暗的，而且，我们可以说，精神分析学将人类描绘成了深受欲望驱动的兽性族群，且强烈地被淫欲、贪婪和攻击性所操控。精神分析学并没有将过多的注意力放在缓解来访者即时出现的症状之上，而是着力去帮助个体认清是哪些“驱力”塑造了今日之我，认清那些某些情况下反映在我们的梦境中抑或反映在我们的口误和笔误中的驱力。自由联想——在听到某一词语之后回答出自己联想到的第一个事物——也能够揭示出我们的无意识想法和感受。作为一种心理咨询工具，近年来，精神分析法已经不如往日那样受到学界欢迎，相对于那些更加关注于此地此刻的疗法（譬如认知行为疗法）而言，难免黯然失色。但是，精神分析学的巨大影响仍有余韵，除了在世人心中已经成为心理咨询象征物的躺椅之外，该流派还让世人注意到，即便是那些我们没有意识到的事物，也会对我们的行为产生显著的影响，而且，童年阶段出现的人际关系的伤痕和情绪，将会伴随人类一生。

行为主义

提及“行为主义”，你脑中可能会浮现出迷宫中的老鼠，又或者甚至是“恶名昭著”的斯金纳箱。如果所述属实，那么你已经走上正确的轨道了。行为主义者认为，我们的行为基本上完全是由我们如何被条件反射影响所决定的；换言之，我们的行为，是对于我们在所处环境中所遇到的刺激而做出的反应。该流派的拥护者还认为，人类的所有经历，不论是奖赏抑或惩罚，都会在将来强化某一特定行为。而且，有时候奖赏，尤其是惩罚，其出现是自发的，我们对此甚至没有意识，亦无法控制。举例来说，当你看到一个人拿着一根针靠近一个气球时，可能难免会畏缩不前。之前你可能被气球爆破的声音吓到过，所以，你的身体告诉你，要随时做好准备。行为主义还率先将注意力放在了量化测量之上。与之前出现的极为主观的心理学流派不同，行为主义者对于“量化”的兴趣要远远大于“概念化”。典型的行为主义者的实验与物理学或者化学的实验较为相似——它关注可观察到的行为或者反应，而且会使用数学化和系统化的方式对其加以测量。对于行为主义者而言，通向理解之路的方法并非“内省”或者“解析”。正是因为有了行为主义，心理学才能够走进硬科学和实证主义的殿堂。

人本主义

假如你已经深陷在精神分析学或者行为主义之中不可自拔，那么情势似乎变得有些……黯淡无光。根据这两个学派：或者，你只是一个被无法逃避的底层冲动驱动生活目的的动物；又或者，你只不过是一台机器而已；两者似乎都无法让人高兴。二十世纪中期，诸多学者对于上述两种理论都感到不够满意。难道人类内部就没有更加高尚的东西存在吗？人类何以会为了追求卓越而努力呢——写作，绘画，幽默，互相关心，谱写乐章等？利他主义之所以存在，除了为了让我们自我感觉良好之外，是否还存在其他原因？此刻，人本主义终于登上了历史舞台。作为一种心理学流派，人本主义心理学某些情况下被称作（在精神分析学和行为主义之后的）“第三势力”，它的关注点是个体的、积极的成长，而不是过往经历给个体加上的包袱。其影响力直至今时今日仍然十分强烈——诸如情绪智力、共情、目的和意义等概念都能够完美地纳入人本主义的框架当中。人本主义心理学还在病患和咨询师之间构建了一张联系更加紧密、支持更加有力的网络。（事实上，“病患”一词如今已基本被“来访者”所取代。）咨询师与来访者之间的平等互待，心理咨询过程的去神秘化，以及更加具有合作性的心理咨询过程，全部都是人本主义心理治疗方法所大力推广的观点。群体治疗亦脱胎于此心理学流派。

格式塔心理学

读者是否曾经看过一幅制作特别精巧的视错觉图片呢？刚开始，这幅图片可能看起来是一个花瓶，之后就变成了两个人的侧脸，但是你的大脑却不能完全确定自己究竟看到的是什么。如果说我们对于外部世界物体的心理表征，同物体本身之间存在着一对一的相关关系，那么，你可能会问，人类怎么可能还会有视错觉呢？格式塔心理学恰恰回答了这一问题——我们是如何感知物体的整体，而非仅仅是组成它的各个松散部分的。格式塔心理学可以看作是结构主义的另一个对立学派，因为格式塔心理学家强调指出，如果事物被分解成过度细小的组成部分，那么其意义将有所丧失。（“格式塔”一词无法完美地从德文翻译成英文，其大致意思是，互相关联的思想所组成的结构或者模式。）正因如此，格式塔心理学从概念上是与人本主义治疗存在关系的，恰如“自我实现”等概念所示，关键的成分彼此互相连接，能够创造出远远大于部分之总和的事物，且其本质会发生相应的变化，而且，很多人会说新形成的整体更加优秀。格式塔心理学最为关注的研究重点，是人类如何以对个人有意义的方式，将世界的各个方面组织起来。与行为主义相反，格式塔心理学认为，我们会将最大的关注点放在自身的知觉之上。格式塔心理治疗方法，由弗瑞兹·皮尔斯（Fritz Perls）在二十世纪四十年代发明出来，与格式塔心理学的概念并不完全重合，它主要关注的是我们在人际关系中所扮演的角色，以及我们的人际关系是如何影响情绪产生的。格式塔疗法以对于一系列角色扮演技术的应用而闻名，譬如，咨询师会请病患（或者说来访者）去想象某个人坐在一张空椅子上，而这个人有亟待解决的问题。

Psychology
A Brief Survey of
Abnormal Psychology

变态心理学简介

“变态”[1]是一个意义非常丰富的词语——话说回来，那究竟什么才是“正常”呢？假如我们判定心理障碍已经出现，那么，我们在使用“变态”这个词语时，其含义肯定已经远不止于“奇怪”或者“不常见”。在临床应用领域，“变态”这一术语包括三种成分：

一、某种类型的心理功能异常；

二、因心理功能异常而导致的损伤或者压力；

三、对于患者所处的社会而言，功能异常是与文化中典型的标准相违背的。

让我们首先来审视一下“功能异常”这一标准。功能异常的出现意味着：从心理层面上而言，个体出现了一些问题。或者，你丧失了感知愉悦的能力；或者，你看到了本来不存在的事物；又或者，你无法针对任何给定任务而集中注意力。

其次，让我们来探讨一下损伤或者压力。由于你的心理功能出现

① abnormal，直译为“不正常”。——译者注

异常，或许，你已经被自己的公司解雇；或者，你的家庭氛围一塌糊涂；又或者，你将自己的身体健康置于危险境地。

最后，为什么我们要特别指明功能异常必须是属于文化非典型的呢？原因在于，某些行为在西方世界的观感中确实十分诡异，但却并非不健康的，所以，我们不希望贸然将从事该活动的整个群体判定为病态。举例而言，在你所居住的社区中，有些人在五旬节的教会活动中会说方言，这一行为对他们来说是具有文化典型性的。但是如果你所在的家族历代都是十分虔诚的美国圣公会教徒，而你突然开始说方言，那么，这种令人吃惊的新行为，就属于文化非典型的。

心理障碍的权威性手册称作《精神障碍诊断与统计手册》（*Diagnostic and Statistical Manual of Mental Disorders*），缩写为DSM，该手册曾历经数次版本修订。目前的版本是DSM的第五版，出版于2013年。《精神障碍诊断与统计手册》（第五版）共有二十个章节，囊括了150多种心理障碍。接下来，我们将遴选出八种发病率最高的心理障碍类别，并选取其中最具代表性的疾病，进行详细叙述。

心理治疗与精神疾病治疗当然并不在本书的范畴之内，但是，读者如果发现自己或许与后文中的部分描述相符合，请安心，疾病都是存在解决之道的。治疗方法或许千差万别——包括认知行为疗法、冥想、人际关系治疗、家庭疗法、十二步支持疗法、互助小组等，不过，归根结底，无论是哪一种后文提及的心理障碍，都有经受正规培训并获得合格资质的专业人士，所谓“术业有专攻”。当前，各种心理障碍发病率飙升，我们比任何时候都需要去照顾自己，照顾他人，并且在有所需要时去寻求外界帮助。

情绪障碍

抑郁

美国患病率：成年人中7%

重度抑郁症，或者说重度抑郁发作，其含义远远不止于“感到难过”。这是一种最为常见的心理障碍，患者通常会在饮食模式或者睡眠模式上发生改变，深感生活无望或者没有价值，无法集中注意力并且做出决策，同时还极度缺乏驱动力。抑郁症患者最为经典的体验即为*“快感缺失”*，也就是失去了快乐的感觉，无法因以前感兴趣的事物而感到兴奋。抑郁症患者可能在社会交往当中孤立自己，同时对自己怀有消极的想法。某些时候，他们还可能同时感到焦虑，并且易怒（抑郁能够导致焦虑，而焦虑反过来又会导致抑郁）；或者，他们会在物质滥用的过程中，感受到暂时的欢愉。如果不加以诊治，对患者而言，抑郁症将十分危险。当抑郁症严重发作时，患者将伴随无望之感，反复想到死亡，深感愧疚和耻辱，并且感到自己是他人的累赘，这将大幅提升自杀风险。

双相情感障碍

美国患病率：成年人中0.6%

重度抑郁仅仅涉及情绪范围中的一极（低落的情绪），而双相情感障碍则同时关乎两极（躁狂或者抑郁），因此，某些时候它也被称作*躁郁症*。躁狂是一种过度振奋的情绪状态，通常体现为能量过度的行为、宏大虚幻的计划、动作迅速、滔滔不绝、声音很大。此状态通常会持续一周或者更长时间，而且可能突然出现。其主要的危险来自经常伴随着躁狂而来的较高的冲动性以及冒险性。处于躁狂发作期间的人们会感到十分美妙，大脑中充斥着各种生活和想法，同时，他们也会十分激动，容易与人打斗或者展现出攻击性。他们也许会因为自己想到了一个商业计划而刷爆信用卡，也可能会在毫无完备计划的情况下，辞去工作，寻找诗和远方。躁郁症状之所以出现，是因为中央神经系统处于过度使用的状态。躁狂发作并非源自人际关系冲突等外部因素，时不时的情绪转换也并不能说明一个人不幸罹患躁狂症（也就是说，如果你的老板昨天还很喜欢你，今天却看你不顺眼，并不能因此就一口咬定他患有双相情感障碍）。在经历过躁狂发作之后，患者基本都会突然陷入抑郁症状当中，这同样造成了他们自戕生命的风险。双相情感障碍在诊治时包括两种类型：所谓“Ⅰ型双相情感障碍”，既包括完整的躁狂发作，亦包括完整的抑郁发作；所谓“Ⅱ型双相情感障碍”，包括完整的抑郁发作，但其所包含的躁狂发作则不似抑郁发作般严重（躁狂症如果相对不那么严重，本身并不构成心理障碍，通常被称作*“轻度躁狂”*）。

季节性情绪障碍

美国患病率：因纬度不同而发病率显著不同，随纬度增高而有所提升

季节性情绪障碍属于重度抑郁症的一个子类型，主要指情绪随时间而变化的一种模式。典型的季节性情绪障碍患者在冬天时会感到抑郁，但是在春天时情绪却有所提升，甚而会达到类似于躁狂或者轻度躁狂的程度。虽然说绝大多数人在寒假阶段都会感到情绪低落、压力较大或者孤单寂寞，但是季节性情绪障碍更多的是由于生物性因素引发的，与其说它与温度的变化有关，不如说是由于日光的改变，限制了自然条件下的紫外线数量。正因如此，在冬天，只要对季节性情绪障碍患者实施光盒疗法，令其暴露在特定频率的光线之下，则患者的情绪将得到改善，生理干预的效果极佳。

围产期抑郁

美国患病率：在刚刚生育的妇女中，占3%—6%。

同*“季节性情绪障碍”*一样，*“围产期抑郁”*这一术语在专业领域也界定了一种重度抑郁发作类型。需要着重指出的是，这一疾病不仅包括那些刚刚生产的女子（也就是罹患*“产后抑郁”*），同时也包括怀孕的女性。围产期抑郁的产生有着生理层面上的倾向性，尤其是那些在怀孕前即罹患抑郁的女子尤为容易罹患此病。在很多极其严重的案例中，还会出现诸多精神类的症状——包括幻觉和妄想，通常与婴儿相关。非常有趣的一点是，非生物父母[①]和生物父亲[②]在迎接新生

① 此处指不存在血缘关系的父母，譬如领养孩子的夫妇。——译者注
② 此处指有血缘关系的父亲。——译者注

儿的到来时，可能也会经历围产期抑郁，这是因为，孩子的到来不仅会带来情绪的大幅波动和生活方式的显著改变，同样也会对情绪造成困扰，并且在与孩子共度时光的过程中，荷尔蒙也会发生相应变化（在婴儿早期，父亲的睾丸酮水平会有所下降）。

焦虑性障碍

惊恐障碍

美国患病率：成年人中2.5%

被惊恐障碍困扰的个体（与特殊恐惧症有所不同），会在不经意间遭遇惊恐发作。惊恐的诱发因素并不明确，这就让惊恐障碍显得更加可怕，由于其完全不受个体的控制，以至于惊恐发作本身也成为恐惧的对象。患者最害怕的是惊恐发作的结果，害怕的是感到尴尬，或者害怕是出于安全方面的考量：*要是我在开董事会的过程中惊恐发作怎么办？要是在高速公路上开车时发作呢？*又或者，患者会担心惊恐发作将导致身体健康受损，自身失去控制，或者自己真的就此成为疯狂之人。惊恐发作包括一系列生理症状和心理症状，通常出现得猝不及防，不过时间较为短暂——绝大多数惊恐发作都不会超过15分钟，尽管时间不长，但是其体验却极为消极。任何曾经被惊恐发作折磨之人，都可以清楚地确定发作的起始时间和结束时间——这并不是一种冗长的感受。心脏激动，恶心作呕，无法喘气，头脑晕眩，身体发抖，

脸热潮红，感到自己渐欲疯狂，害怕死去，或者感到意识已经不在身体里，这些都是惊恐发作最为常见的症状。读者须知，人类在从事一些愉悦的活动时——譬如坐过山车或完成一项棘手工作时，可能也会出现类似的生理反应。真正重要的，是这些症状出现在什么样的情境当中。在惊恐发作中，这些感受是极端消极、令患者感到极端不情愿的；而在惊恐障碍中，上述感受又迫使患者每天都生活在害怕它们再次出现的过程当中。

特殊恐惧症

美国患病率：成年人中8%

特殊恐惧症——举例而言，恐惧的对象包括动物或者昆虫、自然环境（暴风、开阔的水面等）、特定的地点（狭小而拥挤的空间、飞机等），以及血液、受伤或者输液等（后一组有着强烈的遗传基础），是最为简单，也是最易于治疗的心理障碍。诚如其名，所谓“特殊恐惧症”，是指由于特定情境或者特定物体所引发的反复出现的惊恐发作。惊恐发作通常会导致患者竭力去躲避惊恐诱发因素，而这种躲避的行为本身反而影响了正常的生活。惊恐的强烈程度，与诱发因素实际带来的威胁程度，是不匹配的。如果恐惧症足够严重，仅仅是听到恐惧物体或者情境的名字或者看到它们的图片，都会诱发焦虑情绪。

社交焦虑障碍

美国患病率：成年人中7%

此一障碍与所谓的“内向”不是一个概念，比所谓的“羞涩”要极端得多。罹患社交焦虑障碍，意味着患者在社交情境下，会感到很大的压力，以及令人倍感虚弱的焦虑。具体情境可能是在公开场合下发表演说，或者私人谈话，或者是类似于演出的情境（对于某些人来说，仅仅针对其中的子类型）——譬如参与体育活动或者演奏乐器等。社交焦虑通常会演变成火力全开的惊恐发作，患者如果一想到自己会被他人给予消极的评价，则更是雪上加霜。社交焦虑障碍患者本身十分希望在社会交往中表现得大方得体，并且不需要去刻意回避（又或者，即使内心压力重重，但仍然强加忍耐），只不过，消极的想法和生理层面的焦虑会制造出恐惧与担忧的怪圈，让他们无法体验自己心驰神往的生活。

广泛性焦虑障碍

美国患病率：成年人中2.9%

与前文所提及的焦虑障碍不同，患有广泛性焦虑障碍的病人或许从来都不会经历惊恐发作。但是，他们整体的焦虑水平会持续性处于偏高的状态，他们的忧虑对象不仅有狗，还有聚会，还有惊恐发作，甚至还包括若干其他不同的生活领域。患有广泛性焦虑障碍的人在生理层面上亦会受到影响，他们通常都存在睡眠方面的问题，慢性肌肉紧张，并且——这看起来与直觉不符——十分疲惫（这是因为他们的身体和心灵持续处于高度警惕的状态当中）。他们十分难以控制或者容纳自己的忧虑，而且，他们的日常生活也受到了忧虑异常的大力冲击。

强迫症及相关障碍

强迫症

美国患病率：成年人中1.2%

强迫症一直以来都受到了很深的误解。罹患强迫症并不意味着一个人过于井井有条或吹毛求疵。相反，其主要症状是侵入性的、令人不安的想法（强迫思维），以及强制性的冲动或者重复性的仪式化行为（强迫行为），他们通过强制行为去削减令人不安的想法所带来的巨大压力。他们的强迫行为通常并不会很彻底地解决焦虑情绪，所以，强迫症患者就会陷入一个似乎无法终结的怪圈中，一方是令人困扰的强迫思维，另一方则是耗费大量时间和能量的强迫行为。常见的强迫思维包括，对于保持卫生的执念，恐惧坏事即将发生，需要事物保持对称，攻击性冲动，或者害怕自己失去控制。通常的强迫行为包括——根据具体的强迫思维，可能会有所变化——反复洗濯以缓解卫生强迫思维，检查锁匙和器具以缓解对于被盗或者火灾的恐惧，按照顺序、分门别类摆放物品以满足对于对称的需求。计数是另外一种常见的强迫行为，同时，身体也可能会出现抽搐现象。强迫症最根本的组成部分是*“思想—行动混淆”*，即患者的某些行为所反映的是，他们认为想法本身就是危险的。强迫症患者越是想要对抗强迫性想法，后者就会变得更加令人厌烦且难以消除。被强迫症折磨的人们似乎已经被“锁死”，未患强迫症的人也会体验到他们的很多想法，不同的是，未患强迫症的人随即顺其自然，而强迫症患者则会永不停歇地与这些想法进行激烈斗争。

囤积障碍

美国患病率：成年人中4%

囤积障碍目前已经不再被视作强迫症的一个子类型，而是已经成为一种独立的病症。被囤积障碍折磨的个体，远不止于所谓的“囤积癖”，或者大量收集特定的物件。囤积障碍患者感到自己非常难以或者说不可能抛弃日常的物品，他们不断囤积，以至于生活环境对自身的健康与安全产生了有害风险，而且会累及同住之人。囤积障碍的患者通常对于自己积累物品的强迫思维有着较为清晰的认识，但却十分抗拒去审视自身的行为已经变得多么极端。他们对于物品存在着强迫性的情感依赖，同时，他们对于失去这些物品之后将会发生什么又感到高度焦虑，一般来说，上述思想将会导致情绪功能出现严重的问题，并且摧毁患者的人际关系。

身体变形障碍

美国患病率：成年人中2.4%

身体变形障碍的患者对于自己所觉知到的外表缺陷感到十分不安，他们经常纠结于自己所认为的不正常的身体部位或者丑陋的身体部位。他们的担忧大体上是过分夸大的，从客观角度来衡量，他们的身体通常不存在所谓的异常，即便存在，也远远达不到患者所认定的极端程度。为了这些所谓的身体缺陷，他们花费了大量的时间和心理能量，以至于生活精力完全消耗其中，而且，身体变形障碍患者经常为了缓解自己的压力而出现强迫性的行为（举例而言，他们可能反反复复照镜子，购买不同的美妆产品，又或者去做整形手术）。对于自身扭曲的知觉，他们的洞察程度各有不同。有些人能够认识到自己的执念与真实的外表并不匹配，但还有一些人对于自己外表的极端负面的自我评价十分确信，其实已经接近于妄想的思维方式。

创伤及应激源相关障碍

创伤后应激障碍

美国患病率：成年人中3.5%

创伤后应激障碍的患者不仅仅经历过创伤事件，而且在创伤事件结束一段时间之后，其日常生活仍会受到严重的挑战与干扰。所谓的“创伤”可以定义为一种极端无助和恐惧的体验，通常还伴随着自身生命受到威胁的感受，或者是亲眼目睹其他人遭遇上述问题。创伤——经受性侵、遭遇车祸或者参与军事行动——是创伤后应激障碍的重要组成成分，但并不是每一个经历过创伤的人都会罹患创伤后应激障碍。很可惜，那些患病之人的日常生活会受到严重的损伤，此种情况在创伤发生之后会持续数月，甚至数年之久。其症状包括：持续性的闪回和噩梦；避免任何能够令自己回想起创伤的事物；情感麻木；以及过度警觉（譬如十分易于受到惊吓）。一个人的生活几乎完全受到创伤的影响，人格的所有方面都有可能发生改变；而他的行为，即便是否定或者避免谈论创伤事件，与创伤经历发生之前相比仍发生了显著的改变。

适应障碍

美国患病率：在心理健康治疗的门诊患者中，占5%—20%

适应障碍所隶属的障碍类别，通常主要包括对于清晰的应激源的反应。这些障碍在那些寻求心理咨询治疗的来访者中十分常见，尤其是那些无法应对实际生活中出现的困扰之人，他们并不会展现出特定心理障碍的具体症状。所谓的“困扰”包括人际关系的破裂，被解雇而失去工作，以及其他很多应激源等。在对适应障碍进行诊断时，应激源必须是出现在过去三个月之内的，而且压力感（其体现形式各有差异）必须要妨碍到日常的生活功能，或者与实际的应激源程度较为不符。自然而然的，如果患者的症状更加符合其他心理障碍（譬如重度抑郁症），又或者个体处于典型的哀悼过程之中，则不予诊断为适应障碍。具体而言，适应障碍的主要症状包括抑郁的情绪、焦虑，或者两者兼而有之，加之存在行为问题以及生理困扰，譬如失眠或者消化不良。

神经发育障碍

注意缺陷/多动障碍

美国患病率：儿童中5%；成年人中2.5%

注意缺陷/多动障碍主要包括两大方面的问题。其一，是过高的注意力分散程度，没有能力去集中注意力、无法专心致志；其二，是身体的过度活动性，通常体现为多动症，无法安静就坐，并且经常伴随有冲动性。此外，与注意缺陷/多动障碍相联系的还包括健忘，缺乏组织性，无法坚持到底完成任务，并且没有办法在轮到自己的次序时才发言或者活动。某些情况下，成年人会被诊断为只患有注意缺陷障碍，并未患有注意缺陷/多动障碍，这是因为其童年期的多动症已经得到了有效解决。不论何时诊断注意缺陷/多动障碍，症状都必须要在十二岁之前的儿童期曾经出现过。这是一个非常重要（但又经常被忽视）的标准，因为注意缺陷/多动障碍是一种发展性障碍，换言之，患有发展性障碍的个体的大脑在处理信息时，与未患障碍的个体相比，在方式上存在着本质上的差异。注意缺陷/多动障碍并不是突然恶化

的疾病，通常由压力或者生活方式的改变所诱发，但是，同抑郁、焦虑和行为问题一样，压力和生活方式的改变确实会导致一些类似于注意缺陷/多动障碍的症状出现。

自闭症类障碍

美国患病率：成年人及儿童中1%

自闭症类障碍的主要症状既包括反常的或者仪式化的行为，同时也在沟通技能和社交技能方面存在缺陷。（罹患该病通常被认为存在于“自闭症频谱”中。）自闭症的诊断不能一刀切，它包括一系列广泛的功能行为渐变过程。事实上，很少有其他心理障碍症状的变异性如此之大。某些自闭症患者连跟家长进行眼神交流都存在困难，还有一些患者在成年之后则能够成为工程师或者教授，他们的症状主要存在于社会交往方面。亚斯伯格症之前在《精神障碍诊断与统计手册》（*DSM*）中作为一种障碍单独列出，目前已经被归在自闭症类障碍名目之下，但是如果医师使用《精神障碍诊断与统计手册》（第五版）之外的诊断系统，仍然可能将患者诊断为亚斯伯格症。亚斯伯格症从本质上而言是一种高功能自闭症，其主要症状皆集中在社交领域。它并不是所谓的害羞，也并非出自焦虑状态；相反，其主要标志是缺乏社会交往的兴趣，以及无法以正常的方式参与到社会交往的情境当中。与自闭症类障碍一样，亚斯伯格症患者经常无法理解其他人的情绪体验。罹患自闭症类障碍的儿童会出现很多异常的重复行为，譬如拍打胳膊，反反复复排列玩具，摇摆，甚至抽打自己等。这些行为会周而复始地出现，一般来说并没有针对外界的明确目的，相反，它们更多

的是一种自我抚慰的手段，又或者甚至是儿童的一种自我刺激方式。此外，自闭症类障碍患者的行为还呈现出一种特点，那就是他们的兴趣狭窄，对一般儿童所喜爱的玩具和游戏缺乏兴趣，而对一些通常不作为玩具的物品却特别感兴趣，且会呈现刻板重复的行为方式。某些自闭症类障碍患儿对于感觉刺激极其敏感，譬如热度、光度和噪声，甚至还包括衣服材料的材质等，而且，如果惯常的程序或者日常的生活发生了改变，他们将感到极度难以适应。

精神障碍

精神分裂症

美国患病率：成年人中0.5%

精神分裂症长久以来受到了社会大众广泛的误解。普通人经常将该病与多重人格障碍相混淆，且误认为患者将展现出较高的攻击性。事实上，作为一种严重的心理障碍，精神分裂症主要包括诸多精神类症状，并且患者的心理状态显著与现实相脱节。“*精神病*”一词在美国俚语中翻来覆去地被使用，事实上，在学术领域，它主要指的是“妄想”（与现实不相符合的信念）或者“幻觉”（经过篡改或者扭曲的感官体验）的体验。五官皆可出现幻觉，但是精神分裂症患者最常见的就是听觉幻觉，譬如听见幻音。所谓幻觉远不止于非正统的信念（譬如坚信一些彻头彻尾的阴谋论），真正的幻觉更加具有系统性，是一种被高度扭曲的思维方式。某些情况下，一个人究竟是患有精神病，抑或是仅仅坚信阴谋论，的确会引起争论；当然，相信“政府设置了秘密的监控系统”，与相信“政府在每一个公民的大脑中都植入了芯片”

之间，显然存在着巨大的差异。精神分裂症可能包含有相对而言非常突然的精神崩溃，通常发生于青少年晚期或者二十岁出头的时期。*“阳性症状”*这一术语，专指那些“在现实中并不存在相应客观基础的经验”（主要是妄想和幻觉）的出现。*“阴性症状”*这一术语，专指那些本应正常出现的现象（譬如言语沟通、社会交往，以及情绪表达）反而缺席的情况。此外，精神分裂症症状还可能包括语无伦次，情绪表达不合时宜或者过于平淡，甚至会出现紧张性的躯体运动。如果不加以妥善治疗，精神分裂症将对患者的生活产生巨大影响，其严重程度有高有低。有些精神分裂症患者无法照顾自己，而且没有能力与外部世界进行有效沟通。还有一些能够一边与妄想和幻觉作斗争，一边完成自己的工作并寻找到伴侣，其中极少数人甚至能够获得广泛赞誉，譬如数学家约翰·纳什（John Forbes Nash Jr.），他的故事可参考其传记及同名电影《美丽心灵》（*A Beautiful Mind*）；还有艾琳·萨克斯（Elyn Saks），一位法律和心理学教授，其自传《中心无法持续》（*The Center Cannot Hold*）详细讲述了她是如何通过治疗战胜精神分裂症的过程。

神经认知障碍

轻度或重度神经认知损伤

美国患病率：65岁以上成年人中1.5%；85岁以上成年人中达30%

旧称“失智症”，现称“神经认知损伤”，其程度分为轻度或者重度，这种分类对于初期的排查和诊断很有帮助。神经认知障碍患者会在记忆、学习和意识等层面体现出系统性和整体性的认知缺陷。神经认知损伤可能存在多种诱因，包括长期的物质滥用、中风，以及其他各种遗传综合征等。其中最为常见者，为阿尔兹海默症，患者一般年龄在60到70岁之间，且会逐渐体现出各种不可逆的神经认知损伤。最后，所有的记忆类型都会受到影响，包括自传式记忆和肌肉记忆（比如，患者可能会忘记如何转动门把手，如何使用梳子）。患者还经常无法识别人脸或者物体，且会丧失方向感，时有混乱困惑之感。虽然神经认知损伤从本质而言主要牵涉的是思维过程，但是患者的情绪功能和人格亦将受到影响。他们也会经常遭受不安、恐惧和抑郁的折磨。患者的亲朋好友和看护者同样会感到高度的压力，心碎不已，因此，他们也一样需要去寻求支持。

慢性创伤性脑病

美国发病率：多见于从事对抗性运动的职业运动员，比例未知

慢性创伤性脑病是一种在那些经年累月遭受脑部冲击的运动员中越来越常见的疾病，头部冲击的程度甚至低于脑震荡。头部如果长期受到反复性的冲击，大脑中就会创造并且积累某种蛋白质，最终导致患者出现与神经认知损伤相似的症状。只有在进行尸检之后，才能确切地诊断慢性创伤性脑病，但是其发作通常较阿尔兹海默症更早，症状亦多有相似。同时，患者一般会表现出古怪乖僻的行为、妄想型思维方式、物质滥用，以及自杀风险提升等症状。

谵妄

美国患病率：65岁以上成年人中1.5%；随着年龄增长，或者随着在护理机构的时间增加，比率亦随之增长

尽管谵妄与神经认知损伤同时发生，但是其出现一般非常突然，甚至在患者本来十分健康的情况下迅速发病。所幸，该病在数日或者数周之后或许会自行缓解。患者多为生活环境突然发生改变、压力迅速提升或者行动较为不便的老年人。个体在因手术或者其他健康问题住院接受治疗时，上述因素通常会全部呈现，所以，在住院的老年人中，谵妄发病率极高。不论年龄多大，感染、中毒、物质滥用和医疗条件等都有可能导致谵妄出现。罹患谵妄之后，个体可能会突然感到十分困扰且迷惘，无法认出亲朋好友或者回忆不起关键的信息，同时，心理功能也会出现波动。只要得到妥善的关照，且患者回归到一个压力相对较小的环境之后，谵妄往往会自行缓解。

物质相关障碍

酒精饮用障碍

美国患病率：最常见的物质相关障碍，成年人中8.5%

物质滥用和物质依赖是广泛存在的问题，至于“健康”和“不健康”之间的界限究竟在哪里，则很难确定，饱受争论。物质相关障碍主要体现为物质对于身体产生的效果，而所谓“物质”一般逃脱不出镇静剂、兴奋剂、鸦片制剂和幻觉剂的范畴。物质滥用的典型症状包括：因为物质而导致人际关系、工作、学业或者其他职责受损；即便对身体有害仍然坚持使用物质；努力戒断但无法如愿；使用物质的剂量逐渐加大，或者时间逐渐增长；对物质存在强烈的渴望；耗费大量时间去获取或者使用物质。物质*依赖*，即“成瘾”的同义词，既包括生理因素，亦包括心理因素。心理方面的成分主要包括*耐受度*（随着时间的推移，吸取同样剂量的物质无法获得同样的效果）和*戒断症状*（当身体无法获取物质时，出现一系列令人痛苦且不适的生理感觉和心理感觉）。很不幸的是，耐受度和戒断症状两相结合，将使得一个人陷入成瘾的循环之中无法自拔。个体或许已经无法通过使用物质体会到快感了，但仍然需要继续吸食，以防止戒断症状的出现。物质依赖的心理成分主要包括对于物质过分的渴求，同时由于对物质的追寻扰乱了正常的日常生活。即便从生理层面上而言，物质已经不构成成瘾的原因了，上述心理因素仍然存在（举例而言，某些人在生理上可能对大麻并没有上瘾，但他们花费了大量时间去琢磨如何弄到大麻，没有闲暇再去拜访朋友，他们将所有的钱都投入到大麻上，反而没有钱去购买生活必需品了）。巧合的是，《精神障碍诊断与统计手册》（第五版）如今已不再在物质滥用和物质依赖之间进行区分，转而将轻度、中度或者重度物质相关障碍纳入其中。还须指出的是，《精神障碍诊断与统计手册》（第五版）之中还包含了一种障碍类别——赌博障碍，该障碍从技术上来讲与化合物并无联系，但是强迫性赌博的症状与物质滥用和物质依赖十分相似，甚至也会出现耐受度和戒断症状。

Psychology
Acknowledgments

致 谢

非常感谢知识渊博、对我百般支持的代理人，琳达·康纳（Linda Konner）。再次与你并肩作战，在这一全新的领域里，着实令笔者十分愉悦！伊丽莎白·卡斯托利亚（Elizabeth Castoria）以及卡里斯托出版团队（Callisto）的诸位成员，极其富有能量，睿智非凡，而且互相支持。亚瑟·纳扎里安（Arthur Nazaryan）那不知疲倦、精雕细琢的编辑工作令我确信，他的睡眠时间一定跟我一样，少得可怜。

致笔者的“行李托管证”专栏（Baggage Check）、拙著《友谊修复》（*The Friendship Fix*）以及《今日心理学》（*Psychology Today*）的忠实读者，你们陪伴了我这么多年，没有你们的热情阅读，我根本没有办法坚持写作。我对你们的感恩之情无以复加。还有我的听众，你们始终认真地聆听我的演讲——甚至在我希望你们露出笑容的时候就开怀大笑，你们赠予了我说话的机会，这让我深感惊喜、倍感荣耀。

每周都会来到我这里的咨询者们，让我知道了为什么心理学理论和研究如此重要，这是因为你们完全信任我，乐于跟我分享你们的秘密、你们的负担、你们的痛苦、你们的喜悦，以及最重要的，你们的生活。能够被你们如此彻底地接纳，对我来说是无上的光荣，我将永远谨记于心。近十多年来的教学过程中，我的学生们一直在启发着我、激励着我，令我所学颇丰。看着你们能够借由心理学研究的视角，以全新的方式审视生活，一直都是我在职业生涯中所能体会到的喜悦和幸福。

最诚挚的感谢赠予我优秀的研究和教学助理，妮蔻儿·康拉德（Nichole Conrad），一位优秀如美玉之人。谢谢你能够让我不说出“查尔斯·达尔文，出生于哈萨克斯坦……”之类的胡言乱语。

十分感谢那些不断激励我工作的人，他们给我的截止期限经常让我想说“你是在开玩笑吧，对吧”，但也是他们磨砺着我。他们是：海蒂·布朗（Heidi Brown），莫妮卡·希尔维斯特罗（Monica Silvestro），在大学里那些不羞于提醒我学期报告马上要完成的作业评估伙伴们，我的“智囊团”，以及劳拉·格尔兹（Laura Gertz）。十多年前，我遇到了人生中的第一位编辑，霍莉·毛里斯（Holly Morris），如今她依然支持着我、激励着我。目前我的“行李托管证”专栏的编辑亚当·萨比罗（Adam Sapiro）每周都会给予我耐心，让我在大脑咯吱作响的焦头烂额之际恢复理性。

致我无与伦比的家人：妈妈、爸爸、格莱格（Greg）、杰夫（Jeff）、赛比尔（Sybil）、路易斯（Luis）、戴维（David）、朱迪（Judy），以及我挚爱的其他家人，你们是最棒的。感谢安迪（Andy），我的最爱，以及范斯（Vance），艾莉娜（Alina），还有露比（Ruby）——感谢有你们。这种感情之深刻、之伟大，超出了任何心理学家所能想象的范围。